国家重点研发计划项目（2016YFC0501103）
国家自然科学基金青年基金项目（51804298）
国家自然科学基金面上项目（51774271）

露天矿松散土石混合体重塑机理

周 伟　陈树召　韩 流　尚 涛◎著

郑州大学出版社

图书在版编目（CIP）数据

露天矿松散土石混合体重塑机理/周伟等著. — 郑州：郑州大学出版社，2022.8（2024.6重印）
ISBN 978-7-5645-8768-0

Ⅰ.①露…　Ⅱ.①周…　Ⅲ.①岩土工程 – 地质构造 – 工程地质 – 工程力学　Ⅳ.①TB12

中国版本图书馆 CIP 数据核字（2022）第 097186 号

露天矿松散土石混合体重塑机理

LUTIANKUANG SONGSAN TUSHI HUNHETI CHONGSU JILI

策划编辑	祁小冬	封面设计	苏永生
责任编辑	刘永静	版式设计	凌　青
责任校对	吴　波	责任监制	李瑞卿

出版发行	郑州大学出版社	地　址	郑州市大学路 40 号（450052）
出 版 人	孙保营	网　址	http://www.zzup.cn
经　销	全国新华书店	发行电话	0371-66966070
印　刷	廊坊市印艺阁数字科技有限公司		
开　本	710 mm×1 010 mm　1/16		
印　张	10.75	字　数	216 千字
版　次	2022 年 8 月第 1 版	印　次	2024 年 6 月第 2 次印刷

书　号	ISBN 978-7-5645-8768-0	定　价	68.00 元

前　言

近年来，随着我国能源建设的进一步发展，国家越来越重视对自然资源的开发与利用，而在工程建设中不可避免地要产生残坡积物、崩坡积物和冲洪积物的松散土石混合体。由土石混合体构成的边坡通常规模较大，影响因素众多，失稳突发性强，滑移条件复杂，常给国民经济建设和人民带来严重危害和巨大的财产损失。据初步统计，以滑坡为主的地质灾害给我国造成的损失高达 20 亿元/年。

本书根据模型试验的要求，选取可用于合成透明砂土固体材料和液体材料的材料，合成透明砂土并对其进行固结、单轴压缩、剪切试验，以测定其基本力学性质，并和普通砂土进行对比，确保合成的透明砂土既符合试验所要求的透明性，也符合与普通砂土力学性质相近的要求。根据现场实际和相似原理，设计模型框架，确定模型尺寸，建立模型试验台和图像采集系统，设计透明土石混合体重塑过程位移采集试验方案。在透明土石混合体重塑试验过程中，通过采集土体、石块运移图像，分析土体和石块在时间和空间上发生的运移情况，研究土体和石块的变形特点、位移场分布规律；分析不同区域内土体和石块的运移规律；分析熔融石英砂粒径、石块数量、加载速率对透明土石混合体变形的影响。通过对露天矿排土作业间断性与连续性的分析，设计和优化相应的分级加载及连续加载固结试验方案；分析确定黏土-砂岩混合体 K_0 系数取值方法，得到其在正常固结和超固结状态下的阶段性规律；总结不同前期固结压力下黏土-砂岩混合体 K_0 系数规律，确定其不同阶段的主要力学性质表现。根据分级加载固结试验测得的数据，得到黏土-砂岩混合体压缩性指标，并分析固结过程中各力学参数的联系。通过不排水剪切试验，探究剪切过程中各力学参数与轴向应变的关系，确定黏土-砂岩混合体破坏准则，并绘制莫尔-库仑曲线，得到黏土-砂岩混合体的力学强度特性。利用 WG 型固结仪进行砂岩-黏土土石混合体试样的制作，含石量作为试样制作的唯一变量，含水率、温度、固结压力、固结时间等保持相同。利用英国 GDS 三轴仪对试样进行单轴压缩试验和三轴剪切试验，探究不同含石量下，重塑土石混合体的强度特性、变形等规律。

本书在总体构架和学术思想方面得到了国家能源集团李全生教授的指导。感谢才庆祥教授和尚涛教授的大力支持，感谢在参考文献中列出的以及没有列出的所有给予我们启发的研究成果的作者。

由于作者水平有限，书中难免有不足之处，希望广大读者提出批评和改进意见。

著　者

2022. 4

目录

第 1 章

绪　论

1.1　土石混合体概念的提出

　　土石混合体的概念是随着当今各类大规模工程建设的开展而逐渐被提出来的，其物理力学性质的研究也是岩土力学及地质工程界共同的研究课题。由于目前对土石混合体的研究仍然处于初级阶段，在传统的岩土体分类体系中未将其独立出来，且未见有对土石混合体这一复杂岩土介质的概念及相应分类体系的系统论述。

　　在我国目前常用的岩土体分类中可以发现一类特殊的岩土介质，它具有以下共性：在细观结构上具有高度的不均质性；构成它的主要固体物质"粗粒相"（巨粒组、粗粒组）和"细粒相"在物理性质及力学强度上具有高度的差异性。在物理力学性质上，这一类岩土介质与其他岩土介质也有着明显的差别，这种差别在很大程度上取决于"粗粒相"的含量及组成特征。由此使得其物理力学特征及研究方法区别于规范中的"细粒土"及"岩石"等。这类岩土介质在土体的分类中被命名为"巨粒土""巨粒混合土""混合巨粒土""块石土""碎石土""粗粒土"等；在岩石工程分类中被命名为"强风化岩""全风化岩""残积土"；在岩体结构分类体系中被划分到"松散结构"类型中。不同行业、不同规范的划分标准和划分方法存在明显的差别，这势必阻碍其相应的研究进展及不同行业间的相互协作。此外，在实际工程中常将这类岩土体的力学强度假定与基质材料相当，这种假设显然相对保守或仅适用于"粗粒相"（块石）含量较低的情况；当块石含量较高时，由于忽略块石对其宏观力学行为的影响会造成较大误差。

　　随着岩土工程技术和岩土力学的不断发展，鉴于以上问题，把这类岩土介质从传统的岩土体分类体系中分离出来、建立相应的研究方法及物理力学特征体系是目前岩土力学纵深发展的需要，也是岩土工程研究者共同面临的挑战。

Goodman 及其学生为了研究的需要，刻意忽略地质学上的分类定义，将有工程重要性的块体镶嵌在细粒土体（或胶结的混合物基质）中所构成的岩土介质称为 Bimsoils Bimrocks（Block-in-matrix soils rocks）。《地质与矿物学辞典》将这种"包含不同粒径的本身或外来的碎片及岩块镶嵌在基质泥中所构成的混合岩土体称为 mélange"，中文为"混杂岩"或"混成岩"。将这种常见的"细粒土壤夹杂较大粒径的粗颗粒岩块（如卵砾石层、冰碛石、火山角砾岩、崩积层等）"称为"混杂岩层"。《工程地质手册》将"由细粒土和粗粒土混杂且缺乏中间粒径的土"称为混合土，并将碎石土中粒径小于 0.075 mm 的细粒土（质量超过总质量的 25%时）命名为粗粒混合土；将粉土或黏土中的粒径大于 2 mm 的粗粒土（质量超过总质量的 25%时）命名为细粒混合土。油新华将这种"由作为骨料的砾石或块石与作为充填料的黏土和砂组成的地质体"称为"土石混合体"。鉴于目前对上述这一类复杂的特殊岩土介质的定义还不明确，本书在命名方面将继续沿用"土石混合体"这一名称，同时为了促进这类岩土体研究的进一步发展，本书在前人研究的基础上将土石混合体的概念作出新的解释。就工程观点而言，只要是软弱的基质材料中镶嵌有硬质岩块，即使形成的成岩作用、地质作用及过程迥异，工程力学性状的分析模式也应该相似。因此，我们在从岩土力学的角度对土石混合体定义时，无须刻意去做成因上的概念分析，而应着重对其物理力学特征上做出定性及定量的描述。从这一角度出发，本书对土石混合体的定义概述为：土石混合体（soil-rock mixture，S-RM）是指第四纪以来形成的，由具有一定工程尺度和强度较高的块石、细粒土体及孔隙构成且具有一定含石量的极端不均匀（inhomogeneous）松散岩土介质系统。

这种由于自然变迁所形成的地质体，不同行业、不同规范的划分标准和划分方法存在明显的差别，这势必阻碍其相应的研究进展及不同行业间的相互协作。实际上，经历一定地质作用所形成的土石混合体，是一种介于均质土体和碎裂岩体之间的特殊工程地质材料。由于含有不同大小、不同数量和不同分布形式的砾石或块石，故其具有与一般土体截然不同的性质：

（1）组成颗粒的物理力学性质差异很大，即岩石和土的差异；而土体中只是不同土颗粒之间的差异。

（2）结构上既有土颗粒之间的细观结构，又有岩石与土颗粒之间的宏观结构。

（3）土力学的常规试验方法和本构模型均很难适用于这种特殊介质，因此，为了突出其物质组成和结构特性，油新华等将其命名为"土石混合体"。

土石混合体的概念被学者们从不同角度进行了较为清晰的定义。

1.2 土石混合体的分类方法

土石混合体作为一种特殊的工程地质材料，为了弄清楚它的物理力学本质及其力学特性，首先应对其进行工程地质的定性，即必须在工程地质分类体系中找到它的位置。

油新华提出的分类方法是：根据材料中土与石的含量将之分成三大类，即土体、土石混合体、岩体。土体中只含有土（soil），土石混合体中既含有土又含有石（stonorcore-stone），岩体中只含有石（rock）。然后对每一大类再进行次一级的分类，对于土体和岩体按照以前的分类标准；对于土石混合体，则根据含石量（t）分成石质土（$t<30\%$）、混合土（$30\%\leqslant t<70\%$）、土质石（$t\geqslant 70\%$）。根据土、石材料性质的因素，再进行三级划分。对于土石混合体中的土质石、石质土和混合土来说，不但含石量对其性质有很大影响，而且所含砾石或块石的颗粒形状与级配，以及土体的物理特性对其力学性质也将产生极大的影响。因此在三级划分中，根据颗粒形状与级配以及所含的砂土、粉土、黏土的成分进行划分。若所含的砂土分别超过其他两种，则称为砂质，若所含的粉土分别超过其他两种，则称为粉质；否则称为黏质。

在此基础上，徐文杰等提出了有关土石混合体中的以下几个关键问题。

（1）可视粒径（MOD）：该地质体存在于三维空间中，通过现有的技术难以得到其内部几何特征参数。采用钻孔勘探技术及地表露头、断面等而为测量所获取块石尺寸为某条弦长或某个断面上的最大尺寸，并不是其真实的粒径。为了研究的方便，将所测得的块体的最大尺寸定义为块体的"可视粒径"。

（2）土/石阈值：对于如何确定土石混合体内部的"土"与"石"，即是土/石阈值问题，这是确定土石混合体含石量的一个重要条件。Medley、Linquist 等经过研究，将土/石阈值定义为：

$$d_{\text{S/RT}} = 0.05L_{\text{C}} \qquad (1-1)$$

式中 $d_{\text{S/RT}}$——土石阈值；

L_{C}——土石混合体的工程特征尺度。

在平面研究区域，L_{C} 等于研究面积的平方根；在隧道等结构物中，L_{C} 等于其直径；对于边坡而言，L_{C} 等于坡高；在直剪试验试样中，L_{C} 为单个剪切盒高度；在三轴试样中，L_{C} 为试样直径。徐文杰等将土/石阈值定义为：$d_{\text{S/RT}} = (0.05\sim0.07)L_{\text{C}}$。当 $d\geqslant d_{\text{S/RT}}$ 时，归为"石"；当 $d<d_{\text{S/RT}}$ 时，归为"土"。其中，d 为所测量块体的直径。由此可知，土石混合体中作为充填物的土只是一个相对的概念，和传统概念中的粉土、黏土等细粒土体不同，其粒度范围随着研究尺度

的变化而相对地发生变化，粒径上限可能由几毫米到几厘米甚至几十厘米不等。另外，考虑到块石尺寸对土石混合体宏观强度的影响，当块石粒径增大到一定程度后，内部细粒成分将不再对宏观力学特性有贡献，所以徐文杰等还对土石混合体内部块石的最大粒径作出了限定，定义 $d_{\max} = 0.75L_{\mathrm{C}}$，因此，土石混合体中"块石"粒度 $d_{\mathrm{R}} = d_{\mathrm{S/RT}} - 0.75L_{\mathrm{C}}$。

（3）含石量：含石量也是土石混合体一个重要的参数，它影响着土石混合体的细观内部特征，进一步对土石混合体的变形破坏特性及宏观力学性质产生影响。

土石混合体的分类为在宏观和细观尺度下对其物理力学特性的研究提供了理论上的基础。

1.3 土石混合体在露天矿山中的应用研究

散体土石混合物在水、应力等因素作用下发生一定程度的胶结作用，随着时间的推移与影响胶结作用因素的变化，其胶结程度不断变化，宏观表现为物理力学特性及水力学特性的变化，此过程称为土石混合体的重塑过程。载荷对散体物料重塑强度方面的研究成果较多，缪林昌等研究分析了广西非饱和重塑膨胀土的应力−应变硬化与软化、体变剪缩−剪胀特性与土样内部的孔隙孔径大小及孔隙间的连通性的相关性，通过试验发现了饱和重塑膨胀土的吸力强度与吸力服从双曲线规律。黄英豪等对不同水泥掺加量的固化淤泥及其重塑土进行了无侧限抗压强度试验和直接剪切试验，并对固化土和重塑土的应力−应变关系曲线、无侧限抗压强度、黏聚力和内摩擦角进行了比较分析，得到了相应的规律。王亮等通过室内调配不同含水率的重塑淤泥，利用研制的室内微型高精度十字板剪切仪，研究了含水率对重塑淤泥不排水强度的影响规律。

目前的研究多集中于非饱和土以及固化淤泥的重塑，对土石混合体重塑的概念尚未有明确提出，也没有通过 K_0 固结的方式来模拟露天矿土石混合体重塑的过程。

土石混合体普遍存在于露天矿的排土场、水利坝体、道路基础等领域，国内外学者都进行了大量的研究和尝试，同时取得了较多的具有启发性和延展性的研究成果，尤其是创新的研究手段和方法具有很高的学习和借鉴价值。但专门将露天矿排土场土石混合体作为研究对象进行的岩土力学研究还比较少，而且对露天矿排土边坡稳定分析以及对排土场设计的实际指导价值也小。具体体现在以下几个方面。

（1）露天矿排土场设计方面多侧重于通过几何参数的不同组合以达到减少

排土占地的目的，对排土场物料由于土体重塑引起强度改变而导致的最终边坡和最终排弃高度的考虑不足，从而可能导致因边坡太小而造成的占地浪费或排土高度太大而引发的边坡失稳。

（2）排土场边坡稳定性方面多侧重于将土石混合体简化为单一的连续体或离散体，采用传统的极限平衡法或有限元数值计算方法来取得边坡稳定性系数，以此来评价边坡的稳定性，对土石混合体固-液多场耦合后岩石物理力学参数变化以及破坏准则的变化考虑不足，从而导致边坡稳定性评价指标的科学性和可靠性无法保证。

（3）土石混合体力学特征方面的研究多侧重于理论研究，与露天矿排土场边坡的实际情境差距较大，无法直接使用其研究结果。土体重塑只研究了含黏土的土石混合体重塑机理，而土石混合体的本构模型则侧重于二元均匀介质无水无压时的本构关系，需要大量的试验和理论推导对其进行改进，而后才能适用于露天矿的排土边坡。另外，露天矿排土场的土石混合体中大块的转动阻抗也是影响边坡稳定的重要因素，应当综合重塑体的破坏准则和转动阻抗时效准则两方面的因素来计算重塑岩土失稳条件。

露天矿的排土指的是指将露天矿剥离物向排土工作面排弃的过程。排土场是接纳剥离物的场所，根据该场所所在位置，分为内排土场和外排土场。无论内排还是外排，在排土过程中，在表土层剥离接近完成到下层岩石层开始剥离的一段时间内，剥离物是由松散破碎的土和岩石组成的混合物，这样，在排土场中的某一层位置就会用这样的土石混合物填充，如图 1-1 和图 1-2 所示。在压力、水等作用下，这些土石混合物重塑为具有一定结构和强度的地质体，这种地质体表现出来的物理力学性质既不同于土体，也不同于岩体，而是一种特殊的地质体，油新华等将其定义为土石混合体。

图 1-1　土和岩石剥离物

图 1-2　土石混合排土场台阶边坡

在露天矿排土场的边坡附近，如果有土和岩石的混合物堆积，当重塑作用完成后，将形成土石混合体边坡。对于这类边坡，传统的岩质边坡分析方法不能够精确反映其力学本质，探究土石混合体的力学表现越来越成为工程需要，对排土场边坡的稳定性进行分析对排土工作的安全高效运行具有重要的指导意义。

组成土石混合体的物质往往很复杂，且具有不规则的结构，加上原状样难以采集等因素，所以在研究时常面临很大困难。土石混合体由土体和碎石共同组成，而土体与碎石的不同之处在于二者内部结构中颗粒间的连接强度不同，碎石中矿物颗粒间是胶结在一起的，因而其强度要远远高于土体颗粒之间的强度。遇到载荷作用时，土体的破坏与变形是由于土体内部空隙被挤压或者土体颗粒之间位置发生相对变化、滑移；但碎石块却是内部裂隙被挤压，并伴随裂隙的挤压，新裂隙形成并发育，导致破坏。组成土石混合体的土体和碎石颗粒物理性质不同，另外土体颗粒间的细观结构，土体颗粒和碎石之间的宏观结构形式复杂，必然导致土石混合体介质无论是屈服条件还是应力-应变关系都与一般的土体或岩石有很大差异。因此，土石混合体具有土体和碎石二元要素特点，其强度和变形特性比单一的岩石或者土体都要复杂。

露天矿排土场内重塑土石混合体的形成，伴随着露天矿的生产活动，即排土场中不断存在着排弃物堆积，于是，在下部土石混合体重塑的过程中，受到上覆堆积层的压力是逐渐增大的。这样伴生出的问题有两类：一类是重塑土石混合体的稳定性问题，包括其强度特性、应力-应变规律等；另一类是重塑土石混合体的变形问题，主要表现为沉降。重塑土石混合体的沉降实际上是一种固结，即土石混合体在形成的过程中被压实，受到水等因素的作用而引起体积减小，最终引起沉降。

相关研究成果表明，土石混合体的变形、力学特征与岩石性质、土体性质、级配和含石量等密切相关，其中，含石量是最为显著的影响因素。结合露天矿排土场中土石混合体重塑的产生背景，本书对土石混合体进行试验研究，探究不同含石量下的重塑土石混合体的力学表现和变形规律。

1.4 土石混合体排土场稳定性研究现状

1.4.1 边坡稳定性分析理论

边坡的稳定分析是岩土工程或土木工程中的重要研究内容之一，近百年来，许多研究者致力于这一研究。众所周知，边坡的稳定性分析是边坡工程研究的根本问题，也是边坡研究中最难和最迫切的内容之一，因为它是边坡失稳与否、加固与否的主要依据，但是由于边坡组成地质条件、岩体力学性质、环境因素等具有不确定性、模糊性等特点，要想准确地预测边坡的稳定程度是非常困难的。边坡稳定分析方法有定性分析方法和定量分析方法两种。定性分析方法有多种，如自然（成因）历史分析法、工程类比法、数据库和专家系统法、图解法、SMR法等。定性分析方法主要是通过工程地质勘察，对影响边坡稳定性的主要因素、可能的变形破坏方式及失稳的力学机制等进行分析，对已变形地质体的成因及其演化史进行分析，从而给出被评价边坡的稳定性状况及其可能发展趋势的定性的说明和解释。定性分析方法的优点是能综合考虑影响边坡稳定性的多种因素，快速地对边坡的稳定状况及其发展趋势做出评价。然而，人们更关心的是如何定量地表示边坡的稳定性。定量分析方法也有多种，如多种极限平衡分析法、多种数值分析方法等。边坡稳定分析的计算方法有很多，如条分法、数值分析法、塑性极限法、可靠度法和模糊数学法等。

20 世纪 20 年代初，人们认识到边坡稳定性研究必须将地质分析与力学机理分析结合起来，这期间，主要采用多种极限平衡法。1916 年瑞典人彼德森最早提出了条分法，瑞典条分法一般假定滑动面为圆弧，并且不考虑条块间的相互作用力。之后 Fellenius、Bishop、Morgenstern Price 和 Jambu 等许多学者对条分法进行了改进。其中，Bishop 条分法重新定义安全系数为沿整个滑裂面的抗剪强度与实际产生剪应力的比值，使得物理意义更明确。简化 Bishop 条分法假定条块之间只有水平作用力而没有垂向作用力，即要求条块在滑动过程中无垂向的相对运动趋势，运用起来效果更加明显。Janbu 通用条分法假定条块间合力作用点的位置，通过调整作用点的位置以获得比较精确的安全系数。之后产生的 Spencer 条分法克服了其他方法中只适用对称性问题的缺点，不需已知滑动方向，就可以根据滑面的几何特征，得到各条块局部的稳定性系数及其潜在的滑动方向。Sarma条分法分析节理岩体边坡稳定较为合理，因为该法考虑了滑体本身的强度，可以处理具有复杂结构面的边坡，可以根据坡体内的各类结构面来划分条块并且不要求各条块保持垂直。

条分法因为其简单实用的特点被工程设计人员广泛接受。Duncan（1996）总结了各种条分法的计算精度：①瑞典条分法在孔隙水压力较高的情况下，运用有效应力法求得的安全系数严重偏低。对于 $\varphi = 0$ 的土坡稳定性分析的精度非常高，对具有圆弧滑面的土坡采用总应力法，分析精度也很高。②简化 Bishop 条分法在多数情况下的计算精度是够的，但在某些情况下可能会出现数值计算方面的问题。建议同时采用瑞典条分法作为比较分析，因为瑞典圆弧法不存在数值计算方面的问题，所以若对于同一边坡，简化 Bishop 条分法的计算结果比瑞典圆弧法计算的安全系数低，说明可能遇到了数值计算方面的问题，这时应采用瑞典圆弧法的计算值。③采用力平衡求解安全系数的方法对条间力的倾角假设非常敏感，不合适的条间力假设可能导致安全系数的严重错误。④满足所有平衡条件的通用条分法（包括 Morgstern-Price 条分法，Spencer 条分法，Janbu 通用条分法）对多数边坡稳定分析的结果是准确的。但少数情况下，可能会出现数值计算的病态问题，无法得到安全系数。一般情况下，采用通用条分法分析同一边坡，各种分析方法的计算结果误差不超过 12%，与"准确解"的误差不超过 6%。

各种条分法由于引入了各种人为假定，同时不能考虑岩土体内部的应力-应变关系和岩土材料的非线性，在理论上缺乏严密性。因此，许多学者致力于发展边坡稳定分析的极限分析方法。极限分析法利用变分原理建立极值定理，求解边坡稳定问题。极限分析法一般将坡体材料看成莫尔-库仑材料，采用遵从相关流动法则的莫尔-库仑破坏准则。也有学者研究了考虑材料非线性行为的极限分析法。在我国，潘家铮在极值定理的基础上，提出了边坡稳定性问题的最大值和最小值原理，奠定了极限平衡法的理论基础。他指出，滑坡发生时，其内力会自动调整，以发挥最大的抗滑能力，同时，真实的滑裂面是提供最小的抗滑能力的面。陈祖煜对该原理进行了理论上的证明。孙君实在最大值和最小值原理的基础上，应用模糊数学理论，对解的合理性问题提出了模糊约束条件，并对潘家铮的论点作了证明，发展了极限分析法。Donald 和陈祖煜开发一个基于对土条斜分条的极限分析方法。该法假定滑动土体在滑面和倾斜界面上均达到极限平衡，用虚功原理来求解安全系数。

条分法和极限分析法的主要区别是：后者假定土体的每一个单元都达到了极限平衡状态，通过求解一组微分方程的边值问题来求解边坡的安全系数；而前者只假定土体沿滑裂面达到了极限平衡，为了使问题静定可解，引入了不同的条间力假设。同时，条分法和极限分析法（包括滑移线法）也是有联系的，它们都是以刚塑性模型为基础，考虑刚塑性体一部分或全部都在载荷作用下处于极限平衡状态。沈珠江将它们统称为极限平衡理论。条分法不要求滑体内每一点的应力状态都处于极限平衡状态，因此，所获得的解应小于或等于使边坡发生破坏的真实载荷，在塑性力学领域，属于下限解。滑移线法是假定土体达到了极限平衡条件，因此，得到的是一个上限解。一般地，极限分析法的近似解法属于下限解和上限解之间的解法。塑性极限分析法考虑了坡体是完全塑性的应力-应变关系。和传统的条分法一样，极限分析法也无法考虑实际的应力历史和加载时的应力条件，无法分析边坡稳定性随着坡体变形和应力发展而渐进破坏的过程。同时，由于极限分析法寻求的是一种理论上"完美"的解析形式的闭合解，对于具有复杂岩土体结构和边界条件的边坡问题，采用解析形式的闭合解的方法往往是不可能的。

近二十年来，以上常用的极限平衡分析法主要经历了由二维向三维方向发展的过程，同时考虑了地下水、地震作用等的影响。在边坡的稳定分析中，尽管条分法有着多种不足，但因其简单而得到最广泛的应用。有许多学者研究露天矿边坡稳定的理论基础、稳定性分析方法、滑坡预测方法等，取得了长足进展。Budiansky Bernard 等对裂隙材料的弹性模量进行了研究；A. Serrano 等研究了各向异性裂隙岩体的极限载荷；N. D. Rose 等用反速法预测露天矿岩石边坡的失稳；T. R. Stacey 等研究了深凹露天矿边坡的稳定性；A. R. Bye 等 2001 年对南非 Sandsloot 露天矿边坡的稳定性进行了分析并对边坡进行了设计；D. Noon 等用雷达监测管理露天矿有滑坡危险的边坡；Patnayak Sibabrata 等采用极限平衡法和数字法分析了一个铅锌露天矿边坡的稳定性；K. M. Moffitt 等对强风化岩石边坡的稳定性进行了分析。但是，国外学者较少对高陡露天矿边坡进行系统的研究，也未形成相应的、较为完善的理论。

近几年随着计算机的广泛发展和应用，用数值方法来研究边坡的稳定性获得了强大的生命力。不但 20 世纪 70 年代发展起来的有限元方法得到了普遍应用，20 世纪 80 年代发展的边界元方法也正在被应用于这个领域。离散元法，作为一种解决离散体问题的计算方法，近年来由于人们对边坡节理的高度重视，一经产生就成为解决节理边坡的有效方法。

计算机在短短的几十年内获得了惊人的发展，它为边坡稳定性分析的发展提供了先决的条件和推动力量。这一时期，各种方法不拘一格、竞相争艳，给边坡稳定性分析带来了一片生机勃勃的景象。归纳起来，其计算方法主要是沿着三种途径来进行的：

（1）以极限平衡理论为基础，考虑岩体中断裂结构面的控制因素，利用图解法或数学计算分析法，最后求得"安全系数"或类似"安全系数"的概念。

（2）以数值分析近似地分析计算边坡岩体的变形特征和应力状态。

（3）用概率理论分析岩体结构面和岩体强度的测试数据，分析各种可能破坏形式的不稳定概率，以不稳定概率来评价边坡的稳定性。

1.4.2 排土场稳定性研究现状

排土场是露天矿生产作业的重要场所，其安全稳定是露天矿安全生产的重要保障，很多专家和学者对排土场稳定性进行了广泛而全面的研究，并且积累了丰富的工程经验和理论成果，针对大型露天矿排土场稳定性研究的成果也非常丰富。

王思凯研究了安家岭露天矿东排土场稳定性，通过现场踏勘和物理力学试验，提出了排土场发生滑坡破坏的失稳模式及数值计算参数，并采用 Flac3D 数值模拟软件，模拟了采掘活动等扰动因素对东排土场边坡稳定性的影响规律。

　　杨秀针对安家岭露天矿实际条件，综合运用理论分析、岩土力学试验、极限平衡分析及数值模拟等方法和手段，研究了安家岭露天矿内排土场南帮边坡稳定性。应用 Flac3D 软件模拟研究了边坡失稳过程中的应力、位移和塑性区分布特征，阐明了滑坡机理；制定了基于地表位移监测的内排土场边坡稳定性控制方案。

　　张建华以德兴铜矿为案例，研究了高台阶的排土场稳定性及破坏模式，通过现场踏勘调查了排土场裂缝分布规律和排土场排渗特征，测量了排土场土堆自然堆积边坡角，进行了排土场散体材料粒径筛分试验以及排土场岩土材料物理力学试验，并采用三种方法对排土场稳定性进行了计算，给出了降水对排土场稳定性的影响规律，同时对排土场台阶基本参数进行了设计和校正。

　　王敬义通过地质勘探，查明了哈尔乌素露天矿的工程地质和水文地质条件，并进行了力学参数的试验测定，借助 ANSYS、FEPG 数值模拟，对哈尔乌素露天矿排土场的边坡破坏机理和滑坡模式进行研究，并给出了考虑水条件下的排土场稳定性评价，最终给出了排土场稳定性控制技术研究方案。

　　国新采用极限平衡法对魏家峁露天矿东一号排土场的稳定性进行了研究，并针对黄土基底的特点，进行了基底条的稳定性分析，同时采用数值模拟，分析了排土场内部的位移、应力及塑性区分布特征，揭示了东一号排土场的潜在滑坡机理。

　　杨丽萍对准格尔黑岱沟露天矿内排土场边坡稳定性进行了分析，采用室内试验和现场试验，测定岩土体物理力学指标，综合考虑影响排土场边坡稳定性的各种因素，采用拉格朗日元法差分方法求解了边坡稳定系数，建立了边坡物料物理力学性质指标模型。

　　散体介质块度分布规律的研究，可为排土场散体物料的物理力学性质试验提供粒度组成和级配方案，而且也是进一步确定排土场破坏模式的依据。因此，超高台阶排土场散体岩石粒度分布规律研究是其稳定性研究的基础课题。目前，由于各种原因，对该课题的研究还很有限。李林对兰尖铁矿尖山排土场的土石混合料块度分布规律进行了研究，他采用对数 χ^2 分布来分析风化岩土组与排土场高度的关系，用对数正态分布分析原岩爆破散体组与排土场高度的关系，其关系式如式（1-2）和式（1-3）所示。

　　原岩爆破散体块度组成分布函数与边坡高度关系的表达式：

$$Y = \int_{-\infty}^{\ln x} \frac{1}{\sqrt{2\pi}\,\delta x}\, e^{-\frac{(\ln x - \mu)^2}{2\delta^2}}\,\mathrm{d}x \tag{1-2}$$

　　风化岩土类块度组成分布函数与边坡高度关系的表达式：

$$Y_{风化} = \int_{0}^{\ln x} \frac{1}{2^{n/2}\gamma\left(\dfrac{n}{2}\right)x}(\ln x)^{\frac{n}{2}-1}\, e^{-\frac{\ln x}{2}}\,\mathrm{d}(\ln x) \tag{1-3}$$

式中，n、μ、δ 为用对数正态分布和对数 χ^2 分布时的参数；γ 为相关条数；e 为指数。

罗仁美对印子峪排土场进行研究指出：细颗粒岩土随着排土场高度的增加而增多，而粗颗料随排土场高度的增加而减少，大块岩石基本集中于坡底。同时，他认为岩石颗粒大小适量搭配摆放有利于排土场的稳定。曹文贵研究了破碎岩石块度分布的分形维数与其物理力学性质的关系后认为：破碎岩石物理力学参数与其块度分布分形维数呈线性关系，可以用破碎岩石块度分布分形维数度量其物理力学性质。黄广龙在研究排土场粗、中、细颗粒土沿排土场高度的变化特征时指出：细颗粒主要集中在排土场上部，大块岩石则集中在排土场底部，中间部位各种块度参差不等，但以中值块度居多。排土场坡底和坡顶的平均粒径（d）比为 $1 : 17.3$，说明变化幅度较大，并且自排土场坡顶至坡底平均粒径变化幅度由小变大。目前，排土场各部位岩石的粒度组成分布服从一定的分布函数，常见的分布函数有：Gibrat 函数、Γ 分布函数、Gandin-Schuhmann 函数、Rosin-Ramuler 函数，其公式见式（1-4）~式（1-7）：

Gibrat 函数：

$$y = \int_{-\infty}^{\ln x} \frac{1}{\sqrt{2\pi}\,\delta x} \exp\left\{ \frac{(\ln x - \mu)^2}{2\delta^2} \right\} \mathrm{d}(\ln x) \tag{1-4}$$

Γ 分布函数：

$$y = \int_0^{\ln x} \frac{1}{2^{\frac{e}{2}} x \Gamma(e/2)} (\ln x)^{\frac{e}{2}-1} \exp^{-\frac{\ln x}{2}} \mathrm{d}x \tag{1-5}$$

Gandin-schuhmann 函数：

$$y = \left(\frac{x}{d_{\max}} \right)^b \tag{1-6}$$

Rosin-Ramuler 函数：

$$y = 1 - \exp\left\{ -\left(\frac{x}{m} \right)^k \right\} \tag{1-7}$$

式中　　y——粒度为 x 的筛下岩石相对含量；

　　　　x——粒度，mm；

　　　　μ——粒径对数平均值；

　　　　δ——粒度组成的离散程度；

　　　　e——分布参数；

　　　　$d_{\max}$——最大粒径值；

　　　　b——参数；

　　　　k——分布参数；

　　　　m——分布参数，其值小于此种粒径的土的质量占总土质量的 63.21% 时的粒径值，mm。

1982 年，法国数学家 Mandelbrot 创建的分形几何理论，用分形几何方法对破碎矸石块度进行了统计分析。Turcotte 曾对许多种地质材料在不同破碎方式下的破碎岩石块度分布进行了统计分析，得出的结果证明块度分布是个分形。排土场由破碎岩石堆积而成，无疑它的块度分布也是一个分形。谢学斌对排土场的粒径分级研究认为：排土场散体岩石块度分布符合分形分布，其粒度组成具有良好的分形结构，在统计意义上满足自相似规律，他将分维数用于排土场粒度资料的统计分析，指出散体岩石粒度的分维数在排土场的分布呈现一定的规律性，随着排土场高度的增加，分维数也增大，但小于 3。分维数越小，粒度组成中粗颗粒含量越多，剪切强度参数摩擦角值越大。散体粒度分维数 D 与摩擦角之间呈负指数关系。之后，国内学者在岩石破碎的分形分维方面做了大量研究。排土场散体粗粒料分布规律研究是排土场稳定性与滑坡综合治理研究领域的基础课题，其对排土场的稳定性、露天矿所采用的排土工艺，进而对露天矿能否安全生产都有着较重要的影响。目前，对于排土场散体粗粒料分布规律的研究还非常有限，同时，随着排土场高度的不断增加，使得排土场散体粗粒料分级更加明显，需进一步对排土场散体粗料粒度分布规律进行更加深入的研究，以满足工程实际的需要。

我国水利部行业标准和国家标准把 60 mm>d>0.075 mm、含量大于 50% 的土划分为粗粒土，作为散粒体材料。粗粒土很少承受拉应力，因此室内试验主要研究粗粒土抗剪切破坏的能力。目前，关于粗粒料的研究，主要集中于通过大型直剪仪和室内三轴压缩试验仪对其抗剪强度特性进行分析研究。早在 1967 年，李（K. L. Lee）和西特（H. B. Seed）在高围压力（σ_3 达到 12 MPa）下砂的三轴压缩试验的基础上，得出粗粒料抗剪强度产生的机理可以分为 4 个方面：①颗粒间摩擦阻力所发挥的强度。颗粒间的摩擦阻力是形成粗粒料抗剪强度的基本因素。②颗粒重新排列和定向所需能量而发挥的强度。随着剪切变形的增加，颗粒之间将产生滑动和转动，即发生颗粒的重新排列和定向，不断朝着新的可以承受更大外载荷的结构状态转化，在没有体积变形的情况下，这种朝着新的结构状态转化而发挥的强度，就可以看作是颗粒重新排列和定向而发挥的强度。③剪胀所需能量发挥的强度。④颗粒破碎对抗剪强度的影响。

颗粒破碎对抗剪强度影响的机理也是比较复杂的，颗粒破碎有各种各样的形态，包括颗粒接触点的压碎、颗粒接触点的粉碎、颗粒本身的破碎等，颗料间接触点压力重新调整，接触点应力集中现象缓解，接触点压力均匀化，形成更为稳定的结构。

以上研究对象多为钙质胶结的硬岩露天矿排土场，其散体颗粒特征明显，单一块体力学强度高，在外界条件下重塑难度较大，因此，其排土场表现出明显的散体特征，对这类排土场进行稳定性评价时，参数选取是非常关键的，排土场的参数应该是散体颗粒所表现出的整体结构，决不能采用单一块体的强度。在数值模拟软件的选择上，应该以离散元为基础算法的数值模拟软件为主，因为这一软件的力学算法更加适合于散体颗粒流应力结构和边坡稳定性的解算。

1.4.3 排土场散体重塑强度试验研究现状

我国露天矿分布的范围较广，在内蒙古、新疆、云南、山西等均有分布，其中不同区域的岩性差异较大。在内蒙古东部地区，露天矿多分布在草原上，岩性以泥质胶结的软岩为主；在内蒙古中部、山西本部地区以及新疆地区，岩性以钙质胶结的硬岩为主；在云南地区，岩性以软岩和碎、砾石的混合物为主。不同岩性的露天矿，所表现出的稳定性不同：硬岩露天矿排土场，其稳定性主要取决于基底形态和块体颗粒之间的摩擦力；而泥质胶结的软岩露天矿，其排土场岩体在外界作用下会再次胶结，并且形成具有一定强度的新结构体，这些重塑后的软岩混合物会决定边坡的稳定性。

对于软岩露天矿排土场的稳定性研究案例比较多，同时也有部分专家和学者对软岩进行重塑试验，揭示它们的强度变化特征。杨钦研究了宝日希勒露天矿内排土场稳定性，通过排土场基底的地质勘查，明确了该排土场为顺倾基底，在水和堆载压力的共同作用下，排土场边坡稳定性不断弱化，作者通过滑坡反算，确定了软岩排土场的力学参数，并借助 FLAC 数值模拟，评价了排土场的稳定性。

阚生雷研究了山坡堆积型排土场设计技术与评价方法，针对排土场这种特殊的岩土工程，考虑自重载荷、水力学因素，分析了山坡排土场产生滑坡的原因，针对工程实例，提供了山坡排土场的稳定性评价方法和优化设计方案。

李文新对小龙潭布沼坝龙桥排土场稳定性进行了分析研究，通过试验获得了堆积散体材料的力学强度参数，运用数值模拟分析，揭示了台阶高度因素对排土场稳定性的影响规律，针对龙桥排土场的工程地质条件，对龙桥排土场边坡从变形、应力及塑性区分布进行了稳定性评价。同时，对堆排台阶参数进行了优化，提出了增强排土场防排水及疏干设施或加强措施。

露天矿剥离物集中至排土场混合堆载排弃，随着堆载高度的加大，下部散体所承受的堆载压力逐渐增大，随着地表水下渗和地下水位在毛细作用下不断抬升，散体物料开始重塑胶结，胶结强度受到胶结时间、压力和水等多种因素的共同影响。Bojana Dolinar 和 Ludvik Trauner 研究了黏土结构对其不排水抗剪强度的影响，研究结果表明，黏土不排水抗剪强度与含水量之间满足二元非线性函数关系。Shriwantha Buddhi Vithana 等通过环剪试验研究了超固结比对于抗剪强度的影响规律，结果证明了相对于普通固结样本，超固结样本会在相对较小的剪切位移时达到峰值摩擦系数。2012 年，Binod Tiwari 等发表了一个新的重塑黏土压缩指数的相关性方程，迅速得到了广泛的认可。P. Vinod 等探讨了重塑岩体在塑性和半固体状态时的抗剪强度，为研究脆性材料的强度提供了新的视角。

R. J. Marsal 在对土的抗剪强度进行讨论时，提出了一种表示破碎度量的方法，他是以试验前后试样粒组百分含量的正值之和来表示破碎率，他在对堆石料进行大规模的试验后认为，影响材料抗剪强度与压缩特性最重要的因素是：当材料受力后应力状态发生改变，从而引起粒状材料颗粒本身的破碎。Lee 对排水条件下砂土的剪切强度进行了研究，他在试验中发现砂土在高围压三轴试验过程中出现了显著的颗粒破碎，他认为颗粒破碎对砂土应力−应变关系的影响与松砂的颗粒重组类似，高围压下颗粒破碎消耗能量，削弱了剪胀对摩擦角的影响，使土体的摩擦角高于滑动摩擦角。

Vesic 对砂土在高应力条件下的剪切特性进行了研究，他认为应力水平小于0.1 MPa 时，砂土的颗粒破碎很小，土颗粒可以相对自由地移动。剪胀对土体剪切特性影响十分显著。随着应力的增大，颗粒破碎现象愈加明显，剪胀的影响逐渐消失。土体应力水平达到 1~10 MPa 时，颗粒破碎现象更加剧烈，直到应力水平达到崩溃应力（指不受土体初始孔隙比影响的应力），此时土体结构完全取决于颗粒破碎，剪胀影响完全消失。Miura 通过三轴试验，指出土体表面积增量是土体消耗的塑性功的函数。他提出采用土体表面积增量与塑性功增量的比值作为衡量剪切过程中土体颗粒破碎率。颗粒破碎率是塑性功的函数，在塑性功相同的条件下，材质脆弱的易破碎砂土在低围压下的颗粒破碎率与材质坚硬不易破碎的砂土在高围压下的颗粒破碎率是相同的。

国内学者从室内试验也得出许多关于粗粒土颗粒破碎的成果，郭庆国对粗粒土的工程特性进行了研究。他认为，由于粗粒土颗粒间的接触情况多为点接触，剪切过程中接触点局部压力较高，颗粒容易发生剪碎现象，土承受的压力水平越高，剪碎现象越显著。颗粒破碎的增大，必然影响到强度特性的变化。郭熙灵通过三峡花岗岩风化石碴的三轴试验和平面应变试验认为：颗粒破碎对试验的剪切强度指标有影响，其对强度的影响程度与破碎率、试验方式、形状系数有关，破碎率越大，破碎强度分量越大，试验总的强度指标越低。吴京平利用对人工钙质砂三轴剪切试验指出，颗粒破碎程度与对其输入的塑性功密切相关；颗粒破碎的发生使钙质砂剪胀性减小，体积收缩应变增大，峰值强度降低。2003 年，根据大型压缩仪的堆石蠕变试验，梁军认为堆石颗粒的破碎可分为对应于主压缩变形的颗粒破碎和伴随蠕变变形的颗粒破碎，细化破碎的堆石颗粒滑移充填孔隙是发生蠕变的重要原因。刘汉龙利用室内大型三轴试验认为，颗粒破碎的增加将导致粗粒料的抗剪强度降低，峰值内摩擦角与颗粒破碎率之间呈幂函数关系，且不论颗粒的岩性、强度、大小、形状、级配和初始孔隙比等情况如何，试验资料都落在一个狭窄的区域。张家铭对钙质砂进行了不同围压、不同应变下的三轴剪切试验，并对试验前后的试样进行了颗粒大小分析试验。试验结果表明，钙质砂在三轴剪切作用下颗粒破碎十分严重，同时用 Hardin 模型对其破碎进行了度量，并就围压、剪切应变与破碎之间的关系进行了分析。2008 年，赵光思应用 DRS-1 型超高压直残剪试验系统研究了法向应力 0~14 MPa 条件下颗粒破碎情况之后认为：14 MPa 条件下砂的相对破碎与法向应力之间呈二次函数关系，其内摩擦角随相对破碎的增加呈负指数函数减小，达到临界相对破碎值（约 7%~9%）后，不再减小，稳定值为 28.9°，并且指出高压条件下砂的颗粒破碎与塑性功呈线性关系，颗粒破碎是砂在高压条件下剪切特性非线性的根本原因。高玉峰针对多个堆石料进行大型三轴剪切试验，结果表明，大颗粒主要发生的是表面破碎。而在整个试验过程中，剪切完成后的颗粒破碎率与围压之间呈线性增加关系，且风干样的颗粒破碎率小于饱和样的破碎率。孔德志对人工模拟堆石料进行了颗粒破碎三轴试验研究，指出破碎颗粒可分为残缺颗粒和完全破碎颗粒，两者的质量分数存在幂函数关系，他认为现有的多粒径指标 B_g、B_f 和 B_r 仍可作为颗粒破碎的影响参量使用，而单一粒径破碎指标 B_{15}、B_{10} 和 B_{60} 局限性较大。目前，国内外关于粗粒土的颗粒破碎试验研究多限于三轴试验。然而，由于大型直剪仪试样尺寸较大，可以最大程度上保留土样的原始级配，弱化尺寸效应，因此，大型直剪试验对促进颗粒破碎的研究也将具有积极意义。

以上研究较为全面地建立了散体排土场的稳定性分析理论模型，其主要研究对象包括了硬岩颗粒、软岩散体，这些散体在外界的应力作用下会表现出不同的重塑特性，硬岩胶结程度较差，软岩重塑现象较为明显，已有研究成果很少考虑到岩体重塑过程中的时效强度，因此，在进行稳定性分析时会造成一定的误差，并且不同的重塑状态下，散体软岩的力学强度差异较大。本研究集中于软岩散体的重塑特征和边坡稳定性分析理论研究，建立起软岩排土场的稳定性分析理论和结构优化方案。本研究为软岩排土场边坡设计提供了科学依据和技术支持，也为时效边坡理论的丰富和完善提供了支持。

第2章

松散土石混合体力学特性

2.1 不同含石量下土石混合体力学特性

"采""运""排"是露天矿生产的主要环节和工序。其中"排"指的是将露天矿中的非矿剥离物排弃堆积在排土场中，根据排土场位置的不同，排土场可以分为内排土场和外排土场。排土场中的排弃物种类是由矿山中矿物层以上岩层和土层中的物料成分决定的。

试验的取材要从露天矿排土场现场找寻，不同的露天矿排土场中土体种类不同，岩石类别也不尽相同，这就要求研究者充分考察选择矿区的地质资料信息，并对选取的土体和岩石进行成分分析，以确定岩石和土的种类和物理力学性质。

本书提到的试验材料取自安太堡露天煤矿，安太堡露天煤矿建矿时间早，且迅速发展为我国大型露天矿之一，2016年，安太堡露天煤矿采煤量达到了1135万t，剥离量更是达到5583万m^3。安太堡露天煤矿排土场中，堆积状态呈层状分布，如图2-1所示。排土场中共有四层，底层为黄土层，黄土层中又有粉土、黏土、粉质黏土交错堆积。岩石层中广泛存在两种岩石，第一种岩石颜色为淡黄色，泛白，强度较小，颗粒感强，易破碎，力学表现符合砂岩特征；第二种岩石呈灰黑色，强度明显高于第一种岩石，力学表现符合石灰岩特征。为了控制变量，兼顾试样的制备条件，最终选取黏土和砂岩作为试验材料，如图2-2和图2-3所示。

图 2-1　安太堡露天煤矿排土场

图 2-2　黏土

图 2-3　砂岩

有研究指出，土石混合体的力学表现、变形特性与其自身组成的土性和岩性密切相关，所以，在重塑黏土-砂岩土石混合体试样制作之前，必须测定现场取得的黏土和砂岩的各项物理指标。

1）天然含水率测定

现场的黏土在取样时，为了测定其天然含水率，必须做好密封工作，用塑料桶盛装，并密封好桶盖与桶身的接触部位。砂岩则盛装在编织袋中，袋口扎紧，分别放置在试验室的阴凉处。

根据规程，将黏土风干，并过 1 mm 筛，将足量的过筛后的土样密封保存，以供试验使用。

根据规程要求，黏土和砂岩的天然含水率用烘干法测定，参照室内烘干试验的标准方法。

（1）主要仪器设备。

烘箱：采用 101-2 型电热鼓风恒温干燥箱（见图 2-4），该烘箱内温度可以在 10~300 ℃ 范围内设定。

图 2-4　烘干箱

天平：天平量程为 200 g，分度值为 0.01 g。

（2）试验步骤。

黏土和砂岩的测定步骤相同，故以黏土的含水率测定步骤进行阐述：

①取黏土 20 g，置于称量盒中，将盒子用盖子盖严，放置天平中称量。记录称量结果，该结果是湿土质量。

②打开盒盖，将土样和称量盒一起放入烘箱，烘箱内的温度设定为 105 ℃，烘到恒量。烘烤时间为 10 h。

③烘烤结束后，将烘干的土样和称量盒取出，盖好盒盖，置于干燥器内冷却至室温，置于天平内称量，该结果为干土质量。

本试验称量结果精确到 0.01 g。

（3）含水率计算。

按式（2-1）分别计算黏土和砂岩的天然含水率：

$$\omega_0 = \left(\frac{m}{m_d} - 1\right) \times 100\% \tag{2-1}$$

式中　ω_0——天然含水率，%；

　　　m——湿土质量，g；

　　　m_d——干土质量，g。

本试验进行 2 次平行测定，取其算术平均值。

2）黏土的界限含水率测定

黏土在不同含水率下，可能处于流动状态、可塑状态以及固体状态。黏土可以呈现可塑状态的上限含水率称为液限，黏土的塑限指的是黏土由固体状态转变为可塑状态的临界含水率，液限与塑限的差值称为塑性指数。

黏土的塑限、液限和塑性指数是其基本物理参数，是后面制样时确定重塑样含水率的重要参考依据，本试验的目的是确定黏土试样的塑限、液限，并计算塑性指数。

按照规程要求，试验采用液限塑限联合测定法。

（1）主要仪器设备。

液塑限联合测定仪（见图 2-5）：测定仪的主要构件由圆锥仪和读数显示部件组成，其中，圆锥仪中锥头质量为 76 g，锥角为 30°，读数显示方式为光电式，通电时，经过光学放大系统将锥头的入土深度投射到窗屏上，即可读出锥头入土深度。

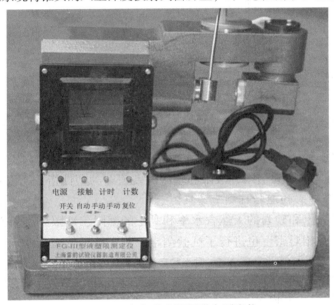

图 2-5　光电式液塑限联合测定仪

（2）试验步骤。

①将风干后的土样过 0.5 mm 筛，取过筛后的土样 200 g，平均分成 3 份，用 3 个盛土皿盛装，各自加不同量纯水，使之达到不同的含水率。按照规程，3 份土样的含水率应当分别按接近塑限、液限以及二者的中间状态设置，然后将 3 份土样调制成均匀的膏体，并密封保存，静置 24 h。

②将制备好的膏体取出，用调土刀调拌均匀，并填入试样杯中，试样杯应被土膏密实填满，并将空气逸出，然后将杯外余土用刮土刀刮平，并将试样杯水平放置在测定仪底座上。

③取圆锥仪，涂抹润滑油脂薄膜，接通电源，用测定仪上的电磁铁牢牢吸稳圆锥仪。

④将窗屏上的初始读数调零，调节底座高度，使得圆锥锥角与试样面刚好接

触，此时，指示灯亮起，电磁铁断电，圆锥仪在自重状态下落，扎入试样内，5 s后，立即读出并记录圆锥下沉的深度。然后将试样杯取出，挖出 10 g 以上的试样 2 个，用烘干法测定其含水率。

⑤用同样的方法测定另外 2 个试样的圆锥仪下沉深度和含水率。

（3）绘图与计算。

以含水率为横坐标，圆锥仪下沉深度为纵坐标，在坐标系中绘制关系曲线（见图 2-6），三点一线。

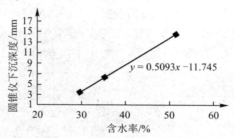

$$y = 0.5093x - 11.745$$

图 2-6　圆锥仪下沉深度与含水率关系曲线

在上图中，经查得下沉深度为 17 mm 对应的含水率为液限，下沉深度为 2 mm 所对应的含水率为塑限，液限和塑限的差值即为塑性指数，以百分数表示。

3）黏土和砂岩物理指标测定结果汇总

除了测定黏土和砂岩的天然含水率和黏土的塑限、液限外，对黏土和砂岩的最佳干密度以及相对密度也进行了试验测定。测定结果见表 2-1。

表 2-1　黏土和砂岩的物理指标

材料	液限/%	塑限/%	塑性指数/%	最大干密度/（g/cm³）	天然含水率/%	相对密度
黏土	56.4	26.9	29.5	1.8	19.6	2.65
砂岩				2.2	0.6	2.68

2.1.1　重塑黏土-砂岩混合体三轴剪切及单轴压缩试验研究

试验方案的确定要遵守两个原则：一是试验设计的科学性，这就要求试验设计符合试验规范，试验的原理、操作能满足规范要求；二是试验设计的应用性，即试验设计要和露天矿生产环境相结合，使得试验研究能够揭示露天矿排土场中黏土和砂岩相互作用的重塑规律，并对其生产有指导意义。本着这两个原则，进行本书的试验方案设计。

在黏土和砂岩的重塑土石混合体试样制作前，需要将黏土和砂岩分别过筛，前文已说将黏土过 1 mm 筛，过筛后的土样密封保存。对于砂岩，首先要确定其最大粒径 d_{max} 的值，根据规程要求，$\dfrac{D}{d_{max}} \geqslant 5$，其中，$D$ 是试样直径，重塑样直径为 50 mm，所以 $d_{max} = 10$ mm。利用孔筛（见图 2-7）将砂岩筛分至粒径范围为 1~2 mm，2~5 mm，5~8 mm，8~10 mm；筛分后的黏土和砂岩试验材料见图 2-8。

图 2-7　孔筛

(a) 黏土

(b) 砂岩（粒径 1~2 mm）

(c) 砂岩（粒径 2~5 mm）

(d) 砂岩（粒径 8~8 mm）

(e) 砂岩（粒径 8~10 mm）

图 2-8　不同粒径的黏土和砂岩材料

有研究表明，当土石混合体的含石量大约在 25%～70%时，其力学表现受到"土"与"石"的共同影响，二者的相互作用决定了土石混合体的强度、变形等，因此，本书试验中设置 30%、40%、50%、60%四个含石量。不同含石量的重塑黏土-砂岩土石混合体的级配曲线如图 2-9 所示。

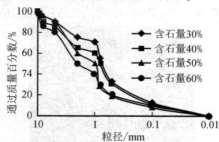

图 2-9　不同含石量土石混合体颗粒级配曲线

由图 2-9 和式（2-2）、式（2-3），计算得到不同含石量的重塑黏土-砂岩土石混合体的不均匀系数 C_u 和曲率系数 C_c。

$$C_u = \frac{d_{60}}{d_{10}} \tag{2-2}$$

$$C_c = \frac{d_{30}^2}{d_{60} \times d_{10}} \tag{2-3}$$

式中　d_{60}——限制粒径，小于该粒径的颗粒质量占试样总质量的 60%，mm；

　　　d_{10}——有效粒径，小于该粒径的颗粒质量占试样总质量的 10%，mm；

　　　d_{30}——中值粒径，小于该粒径的颗粒质量占试样总质量的 30%，mm。

不均匀系数 C_u 可以反映出不同粒径的颗粒在试样中的分布情况，C_u 的数值越大，则表明试样中颗粒分布不均匀；曲率系数 C_c 用来刻画试样中级配曲线的整体形态。由式（2-3）可以知道，如果试样配比的某粒径组缺失或含量过低，C_c 的数值将表现为过大或过小。在工程应用中，良好的级配可以获得更好的密实度，从而保证工程建设的质量，评判试样的颗粒级配是否良好，可以从以下两个方面考虑。

（1）对于级配连续的岩土体，$C_u>5$，表明级配良好；反之，则级配不良。

（2）对于非连续级配的岩土体，其级配曲线通常呈阶梯分布，所以仅用 C_u 这一指标不能作为级配是否良好的依据，此时，必须同时满足 $C_u>5$ 和 $C_c=1～3$ 两个条件，才认为是良好的级配，否则就认为是级配不良。

通过计算，得到了不同含石量的重塑黏土-砂岩土石混合体试样的粒径分布特征指标，见表 2-2。

表 2-2　不同含石量试样的粒径分布特征指标

级配指标	d_{10}/mm	d_{30}/mm	d_{60}/mm	C_u	C_c
含石量 30%	0.06	0.40	0.95	15.83	2.81
含石量 40%	0.08	0.45	1.00	12.50	2.53
含石量 50%	0.12	0.82	2.00	16.67	2.80
含石量 60%	0.10	0.80	3.00	30.00	2.13

由表 2-2 可以看出，试样制作均满足级配良好的要求。

邓华峰等在研究中指出，在水的作用下，土石混合体的强度参数被弱化，具体表现为当土石混合体试样含水率增加时，其 C、φ 值逐渐减小，因而，在制作重塑黏土-砂岩土石混合体试样时，对含水率的设定作了充分研究和讨论，旨在避免或最大程度降低含水率对试验结果造成的干扰。

本书的试验针对不同含石量下重塑土石混合体的强度及变形规律进行研究，所以不同含石量试样应该保持相同的含水率，这也是试验研究的控制变量要求，但如果直接按照试样的总质量乘以一个固定的含水率来计算添加水量，将出现以下问题：

（1）由于砂岩的饱和含水率远小于黏土的饱和含水率，所以当设定的含水率高于砂岩的饱和含水率时，对于高含石量的试样，会出现砂岩已吸水饱和，而黏土并未吸水饱和，砂岩吸收不了的多余水分会被黏土吸收，从而导致高含石量试样中黏土含水率高于砂岩和该试样总含水率；而对于低含石量的试样，虽然砂岩也已经吸水饱和，黏土并未吸水饱和，但由于试样中砂岩总量少，黏土含量多，被黏土吸收的多余水量相对较少，从而使得低含石量试样中黏土含水率与砂岩和该试样总含水率差值较高，含石量试样中黏土含水率与砂岩和该试样总含水率差值小，此时，不同含石量的试样内部受到水的影响是不相同的。

（2）在重塑黏土-砂岩土石混合体试样制作过程中，在轴向压力作用下，会使得黏土和砂岩的接触更为密实而固结沉降，当固结沉降到一定量，就可能会有水分逸出，而固结沉降主要是由黏土的压缩特性决定的，所以，在同一轴向压力下，不同含石量的试样黏土含量是不同的，黏土含量高的试样可能并未有水分逸出，而黏土含量低的试样已经有水分逸出了，此时，不同含石量的试样内部受到水的作用也是不相同的。

综上所述，对于重塑黏土-砂岩土石混合体而言，在不同含石量的条件下，制得相同含水率的试样是很困难的。当重塑黏土-砂岩土石混合体试样含水率相同时，黏土的含量决定着试样的稠度。对于黏土多的试样，可能很干，而黏土少的试样或许有水已将溢出了。考虑到这种情况对试验结果的影响，对含水率设定作以下规定：

（1）含水率设定要大于砂岩的饱和含水率，以避免砂岩从土样中吸水。

（2）重塑黏土–砂岩土石混合体试样制作，固结沉降后均有水分逸出。

这样，可以认为制作的不同含石量下的重塑黏土–砂岩土石混合体试样中，砂岩和黏土都是吸水饱和状态，其受到水的影响基本一致，通过预试验的摸索尝试，最终设定含水率为14%。

当露天矿中的剥离物排弃到排土场中时，土与岩石便混合在一起堆积在排土场，随着排弃物的增加，土与岩石的混合物会被逐渐压实，加上雨水的作用，最终土石之间便重塑为具有特殊性质的结构体，我们称之为重塑土石混合体。重塑的过程实质是固结的过程，而当重塑完成，形成了具有稳定性质的重塑体后，其强度特性和变形特性便是需要研究的问题。

针对上述问题，设计以下试验研究方法：

（1）制作不同含石量（30%、40%、50%和60%）的重塑黏土–砂岩土石混合体试样，并对试样进行三轴剪切试验，探究重塑黏土–砂岩土石混合体试样在不同含石量和不同围压下的强度特性和变形规律。

（2）设计单轴压缩试验方案，探究不同含石量下重塑黏土–砂岩土石混合体试样单轴抗压强度，分析应力–应变关系曲线，并计算弹性模量、变形模量和泊松比等变形指标。

本书中的试验材料选取安太堡露天煤矿排土场中的黏土和砂岩，黏土选用的是过1 mm筛的黏土，砂岩颗粒粒径为1~10 mm，并测定了黏土的液限、塑限和塑性指数，砂岩的最大干密度、相对密度等物理指标，按照土工试验规程要求，在满足级配良好条件下确定了重塑黏土–砂岩混合体试样中黏土和砂岩的配比，试样含石量设置30%、40%、50%和60%四个梯度，设定了试样含水率为14%，确定试验研究方法为三轴剪切试验、单轴压缩试验。

三轴剪切试验又称为三轴压缩试验，是试样在三轴压缩仪上进行剪切的试验，所以在进行三轴剪切试验和单轴压缩试验之前，需要制备出试验需要的重塑黏土–砂岩混合体试样。

2.1.2　试样制备

本部分制备的重塑黏土–砂岩混合体试样是用来进行三轴剪切试验和单轴压缩试验的，根据三轴剪切试验和单轴压缩试验的需求，制订制样计划，见表2-3。

表 2-3　制样计划

项目	含石量/%	试样尺寸/mm	初始含水率/%	数量/个
	30	φ50×100	14	4
	40	φ50×100	14	4
	50	φ50×100	14	4
	60	φ50×100	14	4
合计				16

制作试样的过程实质是黏土和砂岩混合重塑的过程，在此期间，黏土和砂岩的混合物受到压力作用时，体积减小，类似黏土的固结过程，由于模具的直径为 50 mm，所以在试样尺寸上，试样的直径可以达到 50 mm，但是高度很难控制为 100 mm，通过预试验的探究准备，发现当试样总质量为 456 g，固结压力为 0.8 MPa 时，试样重塑后的高度能够控制在（100±5）mm 范围内，即误差不超过 5%，可以认为是满足制样要求的。为了试验的可靠性，做 3 组平行试验，取 3 组试验结果的平均值作为试验结果数据，并进行记录，所以将表 2-3 修改补充，得到表 2-4。

表 2-4　制样计划修改表

项目	含石量/%	试样尺寸/mm	初始含水率/%	黏土质量/g	砂岩质量/g	水质量/g	总质量/g	数量/个
	30	φ50×100	14	280	120	56	456	12
	40	φ50×100	14	240	160	56	456	12
	50	φ50×100	14	200	200	56	456	12
	60	φ50×100	14	160	240	56	456	12
合计								48

重塑黏土-砂岩混合体试样的制作在 WG 型单杠杆固结仪上制作完成，主要设备有以下几种。

（1）WG 型单杠杆固结仪。分为高压固结仪和低压固结仪，本试验采用的是南京土壤仪器厂制造的高压固结仪（见图 2-10）。高压固结仪的工作原理为：载荷加到固结仪托盘上，利用杠杆原理，通过杠杆臂将力传递到固结器的顶帽上，进而作用到试样上，形成固结压力，进而完成固结。

托盘

图 2-10 高压固结仪

（2）模具。模具是和试样接触的器具，模具内壁的形态决定了试样的形态，本试验选用的模具内壁为圆柱形，内壁直径为 50 mm（见图 2-11）。

(a) 组装前　　　　　　　　　　(b) 组装后

图 2-11 模具

根据表 2-4，重塑黏土-砂岩混合体试样的制作步骤如下：

（1）将黏土和砂岩放入烘干箱，设置烘烤温度为 105 ℃，烘烤 10 h，确保水分充分散失。

（2）用毛刷将模具内壁均匀涂抹上凡士林，将两半模具组装起来，套上加强环箍紧，在模具底部放置覆盖滤纸的透水石，然后将组装好的模具放到底座里，以备装填。

（3）按照表中要求称取烘干后的黏土和砂岩，用量筒量取须加水量，置于盆中，搅拌均匀，制得黏土-砂岩混合料，如图 2-12 所示。

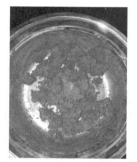

（a）搅拌前　　　　　　　　　　（b）搅拌后

图 2-12　60%含石量混合料制备

（4）将搅拌均匀的黏土-砂岩混合料分次放入模具，并在物料放入模具后，用击实锤轻轻击实物料，然后再放入下一次物料，重复操作。将物料全部加入模具后，在模具上部加一层滤纸，而后加入透水石，盖上顶帽，放置在固结仪上，等待加压，如图 2-13 所示。

（a）取样前　　　　　　　　　　（b）取样后

（c）加载前　　　　　　　　　　（d）加载后

图 2-13　重塑黏土-砂岩混合体试样

27

（5）调整模具到加载平台的位置，使得模具顶帽与固结仪接触时，受到固结仪上施加的压力是垂直向下的，然后按照以下要求分级施加压力：

往固结仪托盘上添加砝码，施加第一级压力 12.5 kPa，此后，每间隔 1 h 施加一级压力，加压等级共设置 7 级，分别是：12.5 kPa、25.0 kPa、50.0 kPa、100 kPa、200 kPa、400 kPa、800 kPa。最后一级压力施加完毕时（见图 2-13），保持加压状态 48 h，使试样充分重塑，将多余水分排出。

（6）重塑完成后，将砝码取下，卸载，取下加强环，拆开模具，得到重塑黏土-砂岩混合体试样（见图 2-13），将试样放入密封袋中，静置在保湿器中备用。

2.1.3　三轴剪切试验

探讨含石量对重塑黏土-砂岩混合体力学参数的影响规律，通过对不同含石量的重塑试样在不同法向应力条件下进行三轴剪切试验，得到四个含石量（30%、40%、50%、60%）的重塑土石混合体主应力差-轴向应变关系曲线，并通过画图求解计算，测定重塑样的黏聚力、内摩擦角及二者随含石量变化的关系曲线等，并分析含石量对重塑黏土-砂岩混合体的强度影响的内在规律。

采用固结快剪的试验方案，即固结不排水剪切（CU）试验，在试验的过程中，施加一定的围压，并保持恒定，试验加载实施位移控制，这样，随着位移的增加，必然引起轴向应力的变化，试样便在围压和轴压的共同作用下被剪坏。试验过程没有孔隙水排出，这样重塑样的含水量将保持恒定，三轴剪切过程中试样体积的变化将引起孔隙水压力的变化，测定并记录试验中孔隙水压力，并测定相关应力和应变数据，分析试样抗剪强度指标。

对本试验的试验条件作如下规定：

①围压。分别设定试验围压为 300 kPa、600 kPa、900 kPa。

②含石量。本书所说的含石量均是干燥砂岩质量占干燥砂岩和干燥黏土总质量的百分比，一共设置四个含石量，分别为 30%、40%、50%、60%。

③加载方式。实施位移控制的加载方式，按照土工试验规程要求，快剪试验的剪切应变速率应该在每分钟应变 0.05%～0.1%，本试验设定剪切应变速率为每分钟应变 0.1%。

1）试验设备

本试验采用英国 GDS 公司生产的中高压全自动三轴试验仪（以下简称为 GDS 三轴仪）。GDS 三轴仪是一套自动三轴试验系统，其应用广，认可度高，能够完成符合国际标准的各类型三轴试验，其试验数据可以自动采集，并且能生成符合国际标准的报告。

　　GDS 三轴仪由压力架、三轴压力室、压力控制系统和电脑控制系统四部分组成（见图 2-14），其中电脑控制系统是利用 GDSLAB 软件进行控制的。该软件在 Windows 系统下运行，GDSLAB 软件的工作方式是以模块为基本操作单元，换言之，不同类别的试验所需模块是不同的，首先需要购买 Kernel 模块，这是 GDSLAB 程序的核心模块，然后再根据试验条件需要购买所需的试验模块。

(a)压力架和三轴压力室

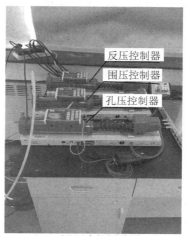

(b)压力控制系统

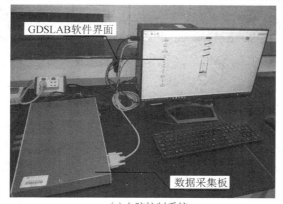

(c)电脑控制系统

图 2-14　GDS 中高压全自动三轴试验仪

　　常用的试验模块有普通饱和与固结试验模块、普通三轴试验模块［符合 BS1377（包括 CU、UU 和 CD 试验）标准］、高级三轴试验模块、应力路径模块、K_0 试验模块等。本试验用到的 GDSLAB 程序模块是普通三轴试验模块的 CU 模块。

　　2）试验过程

　　试验过程如图 2-15 所示，具体操作内容如下。

（a）装样

（b）装压力室

（c）GDSLAB软件控制加载

（d）取出试样

图 2-15　三轴剪切试验过程

（1）安装试样。

用套筒给重塑试样套上橡皮膜（套膜时注意试样两端各加一块贴了滤纸的透水石，膜的两端要长出试样端部 40 mm 以上），将套了膜的试样安在压力架底座上，试样底部的透水石要紧贴底座，将橡皮膜套在底座上，并用橡皮筋扎紧。将试样帽盖在试样上端，把橡皮膜套在试样帽上，也用橡皮筋扎紧。

（2）安装压力室。

用毛刷在压力室底座的 O 形橡胶圈均匀涂抹上凡士林，套上有机玻璃筒，旋转有机玻璃筒，当听到"咔"的声音时，说明此时玻璃筒上的紧固螺杆下落到了底座的螺母槽里，拧紧紧固螺杆，固定好压力室，由于玻璃筒上的紧固螺杆呈正六边形设置，所以在拧紧螺杆的时候要将位于对角位置的两个螺杆同时旋紧，这样，压力室在拧紧过程中受力均匀，才能保证压力室的气密性良好，处于封闭状态。打开压力室进水阀门和玻璃筒顶端出气孔，关闭反压阀门、孔压阀门、围压阀门，接通抽水泵电源，往压力室内注水，当压力室内水位接近顶端时，调小进水阀门，使水位缓慢升高。当有水从顶端出气口溢出时，先旋紧出气孔螺栓帽，使出气孔关闭，再关闭进水阀门，最后切断抽水泵电源，至此，压力室安装完毕。

（3）施加载荷。

①打开压力室的孔压阀门、围压阀门和反压阀门，打开电脑端 GDSLAB 软件。孔压控制器、围压控制器及反压控制器不仅可以对压力室压力进行设定控制，而且当不对各压力控制器下达命令时，还可以当作压力监测器使用，可以实时监测压力室内各部分压力情况，并显示在 GDSLAB 软件中。

②升高压力架中底座高度，当荷重传感器下部的螺杆即将接触试样帽时，降低底座升高速率，设定升高速率为 0.2 mm/min，注意观察 GDSLAB 软件中轴向压力的读数，当轴向压力达到 0.04~0.05 kN 时，停止升高。

③在 GDS 软件中新建一个试验文件。试样在试验过程中的所有数据都会自动保存在这个文件中。

④预先加载试验围压。

⑤利用 GDSLAB 程序的普通三轴试验模块的 CU 模块设定加载条件，试验采用应变控制，每分钟应变 0.1%，试验过程中可以调出试样受力的应力-应变曲线，当应力-应变曲线出现明显峰值或应变达 35% 时结束试验（土工试验中试样常常在轴向应变达到 15% 时破坏，所以，根据试样的受力状况，观察其应力-应变曲线，来确定试验的终止条件）。

（4）试验整理。

将三轴剪切试验文件导出，保存到 U 盘，为后期试验数据处理做准备。然后卸载压力室内围压，降下底座至最低高度，使压力室与压力架顶部脱离。打开压力室上端排气孔，并打开排水阀门排水（压力室的进水阀门和排水阀门是同一阀门，进水时，由抽水泵提供动力，将水注入；排水时，压力室内的水在自重作用下排出）。水排尽后，将压力室玻璃筒螺杆松开，取下玻璃筒，取下剪切后的试样，清理干净压力室底座，并将 GDS 三轴仪关闭，试验完毕。

2.1.4　单轴压缩试验

探究含石量对重塑黏土-砂岩混合体单轴抗压强度的影响规律，并根据试验数据作出主应力差-轴向应变关系曲线，根据曲线分析重塑黏土-砂岩混合体在无侧限条件下的强度和变形规律。由于黏土的存在，重塑黏土-砂岩混合体试样在破坏后会具有残余强度，通过单轴压缩试验还可以探究含石量对残余强度的影响规律。

单轴压缩试验的方案的设计与实施参照 3.2.2 和 3.2.3 进行，只做如下修改：

（1）围压。试验围压设定为 1 kPa，不将围压设置为零的原因是围压控制器在围压控制时会在设定值上下小范围波动，将围压设定为 1 kPa 可以避免压力室内出现负压，从而保证乳胶膜在试验过程中能够时刻紧贴试样。

（2）试验结束条件。试样做单轴压缩试验时，往往比三轴试验更早地表现峰值强度，所以，当峰值强度出现后，等残余强度变化趋于稳定时，就可以结束试验。

2.1.5　试验分析

2.1.5.1　三轴剪切试验结果分析（同含石量不同围压下重塑样应力−应变关系曲线特征）

试验是在固结不排水剪切条件下进行的，在不排水时，整个试验过程中无孔隙水排出，这样孔压便不会消散，试样体积保持不变，试样的受力情况可以用式（2-4）表示：

$$\sigma = \sigma' + u \tag{2-4}$$

式中　σ——主应力，kPa；

σ'——有效主应力，kPa；

u——孔隙水压力，kPa。

由式（2-1）可以得到：

$$\sigma'_1 - \sigma'_3 = (\sigma_1 - u) - (\sigma_3 - u) = \sigma_1 - \sigma_3 \tag{2-5}$$

式中　σ_1——轴向应力，kPa；

σ_3——法向应力，kPa。

根据式（2-5），可以看出有效主应力差值（$\sigma'_1 - \sigma'_3$）和主应力差值（$\sigma_1 - \sigma_3$）在固结不排水剪切试验条件下是相等的，所以用主应力差−轴向应变曲线表示，见图 2-16~图 2-19。

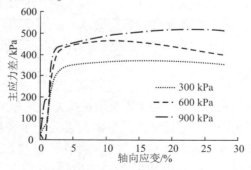

图 2-16　含石量 30% 试样应力−应变曲线

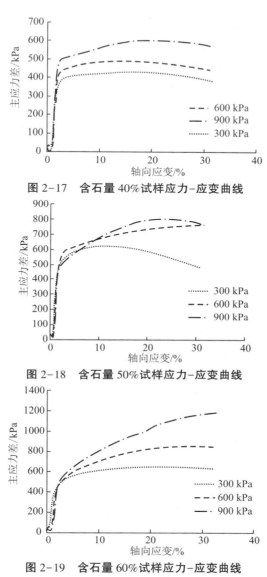

图 2-17　含石量 40% 试样应力-应变曲线

图 2-18　含石量 50% 试样应力-应变曲线

图 2-19　含石量 60% 试样应力-应变曲线

通过对不同含石量重塑黏土-砂岩土石混合体试样的应力-应变曲线进行对比分析发现，即使试样的试验条件差异很大，应力-应变曲线仍存在诸多相似特征，具体表现如下。

（1）应力-应变关系曲线具有明显的阶段性，不同阶段的曲线表现变化较大。

①第一阶段。多发生在轴向应变 0~0.7% 区段，该阶段随着轴向应变的增加，主应力差缓慢增加，甚至出现跳跃现象，个别试样主应力差会突然减小，然后又开始增加。

②第二阶段。多发生在轴向应变 0.7%~2.5% 区段，该阶段随着轴向应变的增加，主应力差急速增加，表现为线性增加。

③第三阶段。多发生在轴向应变 2.5% 以后区段，该阶段应力-应变曲线可以分成两类，一类曲线表现为随着轴向应变的增加，主应力差增加的速率突然放缓，但图像始终是应变硬化型，无应力峰值出现，直至试验结束，如图 2-19 中围压 600 kPa、围压 900 kPa 下的应力-应变关系曲线；另一类曲线表现为随着轴向应变的增加，曲线先表现为应力硬化，达到应力峰值后，曲线表现为应力软化，直至试验结束。

（2）当重塑样含石量相同时，应力-应变关系曲线表现为随着围压从 300 kPa 增加到 900 kPa，主应力差峰值逐渐增加。

（3）当重塑样在低围压（300 kPa）条件下，其应力-应变曲线往往出现峰值，且在峰值后出现应力软化的特征，但强度降低不明显，说明其在应力峰值过后仍具有良好的强度特性。

（4）当重塑样在高应力（900 kPa）条件下时，其应力-应变曲线将不出现峰值，继续呈现应变硬化的特征，但主应力差增加缓慢。可以预见，如果围压继续增加，那么重塑黏土-砂岩混合体的应变硬化特征将更加明显。

2.1.5.2 同围压不同含石量下重塑样应力-应变关系曲线特征

绘制出重塑黏土-砂岩混合体试样在 300 kPa、600 kPa、900 kPa 下的应力-应变关系曲线，如图 2-20 所示。

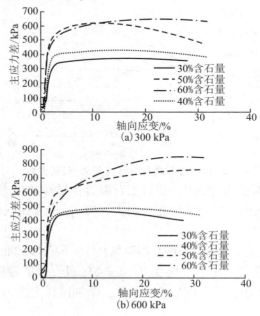

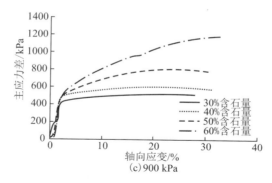

图2-20 相同围压不同含石量的应力-应变关系曲线

由图2-20看出，相同围压不同含石量下应力-应变曲线的特征有：

（1）相同围压下，重塑样的峰值强度随含石量的升高而增加，且随着轴向应变的增加，高含石量试样的曲线会较快地从线性变形特征转变为塑性变形特征。

（2）低含石量重塑样（含石量不高于40%），其应力-应变关系曲线先是呈现应变硬化型，峰值强度后，曲线表现为应变软化的趋势，但强度降低并不大，表明重塑黏土-砂岩混合体在破坏后仍具有较高的残余强度。

（3）高含石量重塑样（含石量高于50%），其应力-应变关系曲线不出现应力软化，全程表现为应变硬化的特征，但强度增加缓慢。可以预测，当重塑样含石量进一步增大（含石量高于60%）时，应变硬化的特征将更加明显。

2.1.5.3 三轴剪切试验总应力强度指标分析

以主应力差的峰值点作为该试样的破坏点，没有峰值时，取轴向应变15%时的主应力差值作为破坏点，得到了重塑黏土-砂岩混合体试样在不同含石量和不同围压下的峰值强度 σ_{1f}，汇总至表2-5。

表2-5 试样峰值强度

	$\sigma_3 = 300$ kPa	$\sigma_3 = 600$ kPa	$\sigma_3 = 900$ kPa
含石量30%	$\sigma_{1f} = 674.119$ kPa	$\sigma_{1f} = 1066.961$ kPa	$\sigma_{1f} = 1420.002$ kPa
含石量40%	$\sigma_{1f} = 729.423$ kPa	$\sigma_{1f} = 1089.913$ kPa	$\sigma_{1f} = 1502.333$ kPa
含石量50%	$\sigma_{1f} = 924.171$ kPa	$\sigma_{1f} = 1308.742$ kPa	$\sigma_{1f} = 1703.472$ kPa
含石量60%	$\sigma_{1f} = 939.428$ kPa	$\sigma_{1f} = 1381.944$ kPa	$\sigma_{1f} = 1844.896$ kPa

由表2-5可以绘制出相同围压下，重塑样峰值强度随含石量变化关系的曲线，如图2-21所示。

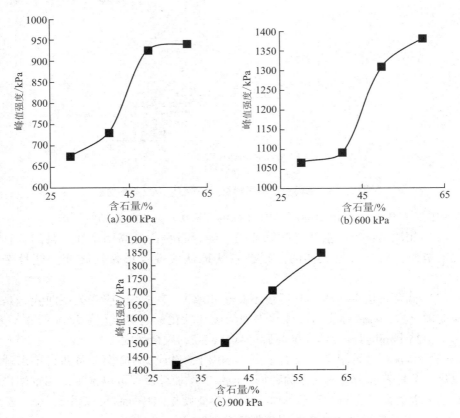

图 2-21　峰值强度随含石量变化关系曲线

从图 2-21 中可以看到，重塑黏土-砂岩混合体试样在相同围压下，随着含石量的增加，峰值强度也逐渐增大，但低围压和高围压条件下峰值强度表现出不同的变化速率，在低围压条件（300 kPa）下，峰值强度随含石量变化关系曲线的特征表现为：峰值强度先是随含石量的增加缓慢增加，随后图像斜率突然增大，峰值强度陡增，最后，图像又趋于平缓。在高围压（900 kPa）条件下，峰值强度的增大速率明显增大。可以预见，当围压条件继续增大时，曲线将变得更陡，变化趋势将更加接近线性增加。

根据莫尔-库伦准则，三轴剪切试验可以求得重塑黏土-砂岩混合体的两个重要的强度指标：黏聚力 C 和内摩擦角 φ。以剪应力为纵坐标，法向应力为横坐标，以重塑样破坏时的 $\dfrac{\sigma_{1f} + \sigma_3}{2}$ 为圆心，以 $\dfrac{\sigma_{1f} - \sigma_3}{2}$ 为半径，在 $\tau - \sigma$ 应力平面上绘制破损应力圆，并绘制各破损应力圆的包络线，直线型包络线已经可以满足一般的工程需要，所以利用 Excel 设置直线型相关目标函数，可以求得应力圆之间的公切线，如图 2-22 所示，切线的斜率就是内摩擦角 φ 的正切值，截距就是黏聚力 C。

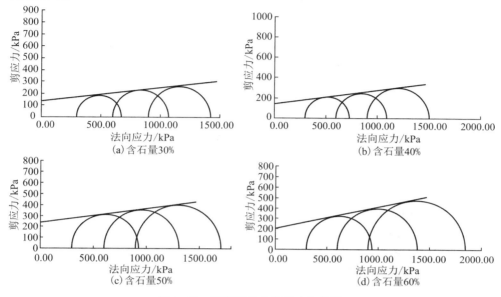

图 2-22　固结不排水剪强度包络线

由图 2-22，得到了重塑黏土-砂岩混合体试样的强度包络线，由式（2-6）和式（2-7）可以分别计算出不同含石量下重塑黏土-砂岩混合体的内摩擦角 φ 和黏聚力 C，并汇总至表 2-6。

$$\varphi = \frac{\arctan\alpha}{\pi} \times 180° \tag{2-6}$$

式中　α——强度包络线倾斜角。

$$C = b \tag{2-7}$$

式中　b——强度包络线纵截距，kPa。

表 2-6　不同含石量下的强度指标分析表

含石量/%	30	40	50	60
内摩擦角 φ/（°）	6.51	7.47	7.64	11.92
黏聚力 C/kPa	136.09	142.04	236.12	119.11

为了直观分析含石量对重塑黏土-砂岩混合体强度指标的影响，作出内摩擦角 φ-含石量关系曲线和黏聚力 C-含石量关系曲线，如图 2-23 和图 2-24 所示。

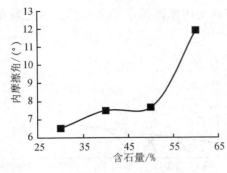

图 2-23　内摩擦角 φ-含石量关系曲线

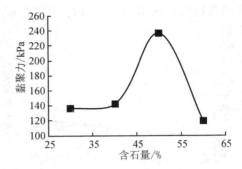

图 2-24　黏聚力 C-含石量关系曲线

从图 2-23 中可以看到，随着含石量的增加，重塑黏土-砂岩混合体试样的内摩擦角的变化总体上表现出递增的态势，在含石量小于 50% 时，内摩擦角增加较缓慢，之后，内摩擦角增加速率陡然增加，说明重塑黏土-砂岩混合体的性质在含石量增大到一定值的时候，其力学性质发生了重大变化。

从图 2-24 中可以看出，随着含石量的增加，重塑黏土-砂岩混合体试样的黏聚力的变化总体上呈现先增加、后降低的态势，在含石量小于 50% 时，曲线是递增的，而后曲线下降。

从两张图的对比结果来看，在 50%~60% 含石量范围内，存在一个临界含石量，当重塑黏土-砂岩混合体试样的含石量低于该含石量时，试样的力学表现更多地受"土"的影响；当重塑黏土-砂岩混合体试样的含石量高于该含石量时，土石混合体更多地表现"石"的性质，此时，"石"在重塑黏土-砂岩混合体中担当"骨料"的作用。

2.1.5.4　三轴剪切试验有效总应力强度指标分析

上文中关于重塑黏土-砂岩混合体内摩擦角和黏聚力的分析是用总应力计算得出的，用总应力表示试样的受力状况时没有考虑孔隙水压力，而固结不排水剪切在试验过程中空隙水压力是不会消散的，随着试验的进行，孔隙水压力是时刻变化的，能够被 GDS 三轴仪实时采集并记录。所以总应力下得到的强度指标对应的工程背景是工程破坏发生时完全不排水或完全来不及排水的情景。

我们在分析露天矿排土场中的重塑土石混合体的稳定性时，往往需要分析排土场边坡中重塑土石混合体对其结构稳定性的影响。排土场边坡不稳定时极易造成滑坡事故，露天矿排土场边坡的滑坡事故常发生在暴雨后。在分析重塑土石混合体边坡在未来及排水情况下的稳定性时，用总应力计算得到的强度指标去分析是适用的，但多数情况下，重塑土石混合体边坡在发生滑坡时是伴随着排水发生的，有时在排水良好时，滑坡一样会出现，此时用总应力下的强度指标来分析其稳定性就不适用了，为了分析重塑土石混合体边坡在排水良好条件下的稳定性，下面探究重塑黏土-砂岩混合体试样在有效应力下的强度指标。

表 2-7 试样有效轴压峰值

	$\sigma_3 = 300$ kPa	$\sigma_3 = 600$ kPa	$\sigma_3 = 900$ kPa
含石量 30%	$\sigma'_{1f} = 633.419$ kPa	$\sigma'_{1f} = 984.462$ kPa	$\sigma'_{1f} = 1406.002$ kPa
含石量 40%	$\sigma'_{1f} = 708.823$ kPa	$\sigma'_{1f} = 1077.618$ kPa	$\sigma'_{1f} = 1483.333$ kPa
含石量 50%	$\sigma'_{1f} = 904.171$ kPa	$\sigma'_{1f} = 1277.642$ kPa	$\sigma'_{1f} = 1649.072$ kPa
含石量 60%	$\sigma'_{1f} = 893.628$ kPa	$\sigma'_{1f} = 1304.944$ kPa	$\sigma'_{1f} = 1752.796$ kPa

首先，计算重塑黏土-砂岩混合体试样有效轴压峰值 σ'_{1f} 和有效围压峰值 σ'_{3f}，见式（2-8）和式（2-9）：

$$\sigma'_{1f} = \sigma_{1f} - u_f \tag{2-8}$$

式中 u_f——试样破坏时的孔隙水压力。

$$\sigma'_{3f} = \sigma_3 - u_f \tag{2-9}$$

将计算结果汇总至表 2-7 和表 2-8。

表 2-8 试样有效轴压峰值

	$\sigma_3 = 300$ kPa	$\sigma_3 = 600$ kPa	$\sigma_3 = 900$ kPa
含石量 30%	$\sigma'_{3f} = 259.419$ kPa	$\sigma'_{3f} = 517.502$ kPa	$\sigma'_{3f} = 886.502$ kPa
含石量 40%	$\sigma'_{3f} = 279.397$ kPa	$\sigma'_{3f} = 587.708$ kPa	$\sigma'_{3f} = 881.333$ kPa
含石量 50%	$\sigma'_{3f} = 280.171$ kPa	$\sigma'_{3f} = 568.942$ kPa	$\sigma'_{3f} = 845.672$ kPa
含石量 60%	$\sigma'_{3f} = 254.228$ kPa	$\sigma'_{3f} = 523.944$ kPa	$\sigma'_{3f} = 807.996$ kPa

由表 2-8 可以绘制出相同围压下重塑样有效轴压峰值随含石量变化关系曲线，如图 2-25 所示。

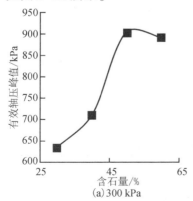
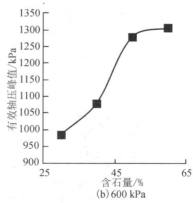

(a) 300 kPa   (b) 600 kPa

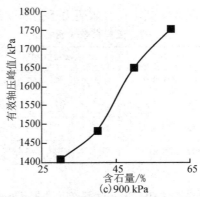

(c) 900 kPa

图 2-25　重塑样有效轴压峰值随含石量变化关系曲线

由图 2-25 可以看出，**重塑黏土-砂岩混合体**试样的有效轴压峰值强度随含石量变化关系特征和主应力下的峰值强度曲线特征基本吻合，不同之处在于当围压为 300 kPa 时，含石量 50%的试样强度竟然高于含石量 60%的试样强度，这和用总应力表征其强度特征的结论背道而驰，说明在低围压情况（300 kPa）下，重塑黏土-砂岩混合体试样用有效应力表征受力状态和用总应力表征受力状态将导致较大差异。

根据莫尔-库伦准则，做出重塑黏土-砂岩混合体的有效应力强度指标：有效黏聚力 C' 和内摩擦角 φ'。以有效剪应力为纵坐标，有效法向应力为横坐标，以重塑样破坏时的 $\dfrac{\sigma'_{1f} + \sigma'_{3f}}{2}$ 为圆心，以 $\dfrac{\sigma'_{1f} - \sigma'_{3f}}{2}$ 为半径，在 $\tau'-\sigma'$ 应力平面上绘制破损应力圆，并绘制各破损应力圆的包络线，如图 2-26 所示。

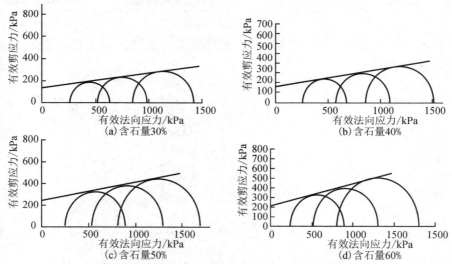

图 2-26　固结不排水有效剪应力强度包络线

根据重塑黏土-砂岩混合体试样的有效应力强度包络线，计算出有效内摩擦角 φ' 和有效黏聚力 C'，并汇总至表 2-9。

表 2-9　不同含石量下的有效应力强度指标分析表

含石量/%	30	40	50	60
有效内摩擦角 φ'/（°）	7.64	8.76	9.71	13.01
有效黏聚力 C'/kPa	139.21	143.11	238.11	205.12

作出有效内摩擦角 φ'-含石量关系曲线和有效黏聚力 C'-含石量关系曲线，并分别添加到内摩擦角-含石量关系曲线和黏聚力-含石量关系曲线，如图 2-27 和图 2-28 所示。

从图 2-27 可以看出，有效内摩擦角-含石量变化关系曲线特征和内摩擦角-含石量变化关系曲线特征基本吻合，均表现出随着含石量增加而增大的态势，但同一含石量下重塑黏土-砂岩混合体试样的有效内摩擦角 φ' 均比内摩擦角 φ 大一些，说明在排水良好的条件下，重塑黏土-砂岩混合体强度是明显高于排水不良条件下的强度的。

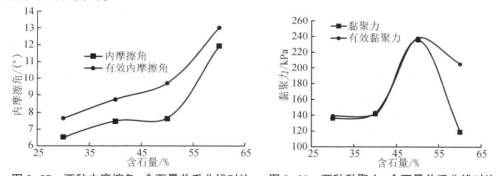

图 2-27　两种内摩擦角-含石量关系曲线对比　图 2-28　两种黏聚力-含石量关系曲线对比

从图 2-28 来看，有效黏聚力-含石量变化关系曲线特征和黏聚力-含石量变化关系曲线特征基本一致，也是随着含石量的增加，有效黏聚力从逐渐增大转变为减小，但降幅较有效黏聚力而言小很多。

无论是用总应力下计算得到的重塑黏土-砂岩混合体的强度指标内摩擦角 φ 和黏聚力 C，还是用有效应力计算得到的强度指标有效内摩擦角 φ' 和有效黏聚力 C'，都是两种极限状况下的强度指标，前者适用于完全不排水情景，而后者则适用于可以自由排水的情形，露天矿排土场重塑土石混合体边坡排水能力常介于这两者之间，所以，要根据重塑土石混合体的排水能力来合理选择强度指标，将总应力强度指标和有效应力强度指标汇总。

2.1.5.5　单轴压缩试验结果分析

利用 GDS 三轴仪对不同含石量下重塑黏土-砂岩混合体试样进行单轴压缩试

验，不仅可以自动记录试样的应力和应变，还可以对试验过程中试样的变形数据自动记录，所以基于 GDS 三轴仪的单轴压缩试验既是单轴压缩强度试验，又是单轴压缩变形试验。我们从强度和变形两个角度来分析重塑黏土-砂岩混合体试样的单轴压缩试验。

试验中发现，重塑样的单轴压缩试验对比三轴剪切试验，随着试验的进行，孔隙水压力表现出不同的变化规律，在三轴剪切试验时，孔隙水压力始终是正压力，即在三轴剪切条件下，试样存在排水的趋势，但单轴压缩试验时，孔隙水压力是负值，如图 2-29 所示。

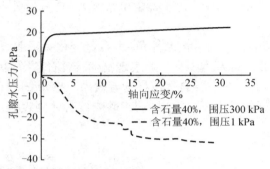

图 2-29 孔隙水压力-轴向应变关系曲线

从图 2-29 可以看出，单轴压缩试验条件下，试样不存在排水的趋势，所以，用总应力表征有关强度和变形参数。

2.1.5.6 单轴压缩试验应力-应变关系曲线特征

根据重塑黏土-砂岩混合体试样的单轴压缩试验结果，绘制出各试样的应力-应变关系曲线，见图 2-30。

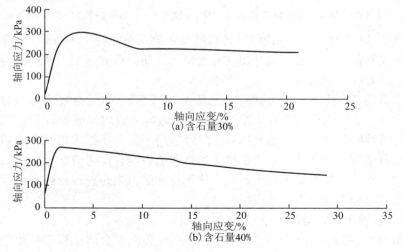

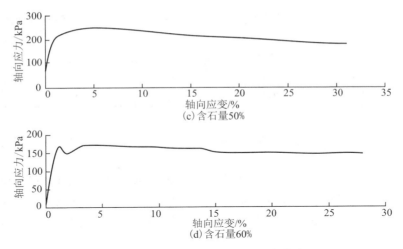

图 2-30　单轴压缩试验应力-应变曲线

由图 2-30 可以看出，重塑黏土-砂岩混合体试样的含石量由 30%升高到 60%的变化过程中，各应力-应变曲线既有相同之处，又存在各自的区别，各曲线表现特征为：

（1）重塑样的应力-应变曲线表现出阶段性。

①第一阶段，应力瞬时增加阶段。该阶段曲线特征表现为，在轴向应变刚开始的很短时间（轴向应变不超过 0.2%）内，试样出现瞬时应力，且该应力表现出瞬时增加的特点。

②第二阶段，应力线性增加阶段。该阶段，应力-应变曲线表现线性增加特点，表明在该阶段，重塑黏土-砂岩混合体试样发生弹性形变。

③第三阶段，应力屈服阶段。该阶段，应力的增速明显放缓，随着轴向应变的增加，轴向应力逐渐增大至峰值，该阶段，重塑黏土-砂岩混合体试样发生弹塑性形变。

④第四阶段，应力软化阶段。该阶段，应力-应变曲线呈应力软化型，应力峰值过后，随着轴向应变的增加，应力减小，但应力下降非常有限，表明单轴压缩的重塑黏土-砂岩混合体试样也存在很高的残余强度。

（2）在高含石量（60%）的重塑样中，应力-应变曲线出现了"跳跃"现象，即在轴向应变 1.2%~4%的这一阶段，应力-应变曲线出现了快速的下降与回升，而应力的骤降意味着重塑黏土-砂岩混合体试样承载能力突然降低，而试样的承载能力是由其内部结构特点决定的，所以，可以认为试样原有的微观结构发生了变化，而后应力增加并恢复稳定，说明试样的原有结构被打破后，又重新组合成了新的具有承载能力的结构。

根据图 2-30，得到各含石量下重塑黏土-砂岩混合体试样的单轴抗压强度 σ_c，并整理至表 2-10。

表 2-10　重塑样单轴抗压强度

含石量/%	30	40	50	60
单轴抗压强度 σ_c/kPa	293.88	266.94	247.69	171.93

根据表 2-10 绘制出重塑样单轴抗压强度与含石量变化关系曲线，如图 2-31 所示。

由图 2-31 可以看出，单轴压缩条件下的重塑黏土-砂岩混合体峰值强度随着含石量的增加逐渐减小，这和三轴压缩条件下重塑样的峰值强度结论正好相反，表明围压的存在使得重塑样内部结构的受力状态发生了改变，才会出现两种试验结果的差异。

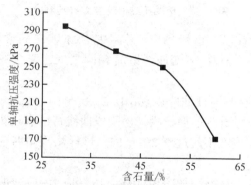

图 2-31　单轴抗压强度-含石量关系曲线

2.1.5.7　重塑样的变形指标分析

对于重塑黏土-砂岩混合体试样的变形，用弹性模量、变形模量和泊松比等指标来描述，采用单轴压缩试验结果讨论重塑样的应力-应变曲线。

重塑样的弹性模量是单轴压缩试验中试样轴向应力与轴向应变的比值。由图 2-31 可以看出，试样的应力-应变关系曲线不是直线，所以在不同阶段其弹性模量是不同的，这是因为重塑黏土-砂岩混合体并非理想线弹性体的缘故。一般而言，重塑样的平均弹性模量接近 50%强度处的切线弹性模量，这是因为重塑土石混合体在内部微观结构上存在着微裂隙和微孔隙，当有压力作用时，这些微裂隙和微孔隙就会闭合，这样便会造成重塑黏土-砂岩混合体试样的初始变形较大。当重塑样内部结构中的微裂隙和微孔隙充分闭合以后，重塑样的变形才是重塑黏土-砂岩混合体材料的变形，工程上一般采用材料的平均弹性模量来表征材料的变形特征，所以重塑黏土-砂岩混合体的弹性模量 E 用 50%强度处的切线弹性模量表示，而 50%强度处的割线模量称作土石混合体材料的变形模量 E_{50}。

泊松比 ν 是横向应变 ε_x 与轴向应变 ε_y 的比值，由于重塑样的应力-应变曲线不是直线，显然不同应力下的泊松比是不同的，这里采用相应的泊松比表征试样的泊松比。

将各重塑样弹性模量、变形模量和泊松比整理至表 2-11 和图 2-32 中。

可以看出，重塑黏土-砂岩混合体试样的弹性模量和变形模量是比较小的，变形模量的最大值仍然在 450 kPa 以下，就弹性模量和变形模量两个参数而言，其值是远小于砂岩和黏土两参数的，这是重塑黏土-砂岩混合体内部组合的特殊性造成的，当有应力作用时，重塑样内部的砂岩颗粒滑移、旋转、断裂都会发生，内部结构是在不断变化之中的，所以其弹性模量和变形模量既不同于砂岩，又不同于黏土。

表 2-11　重塑样变形指标

含石量/%	30	40	50	60
弹性模量 E/kPa	216	158	143	130
变形模量 E_{50}/kPa	234	398	439	396
泊松比 ν	0.302	0.491	0.491	0.493

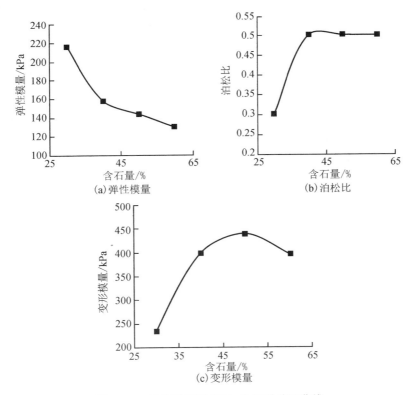

(a) 弹性模量　　　　(b) 泊松比

(c) 变形模量

图 2-32　重塑样变形指标-含石量关系曲线

从弹性模量随含石量的变化关系曲线来看，随着含石量的增加，重塑黏土-砂岩混合体试样的弹性模量是逐渐降低的，表明在高含石量的重塑样中，其压缩性要较低含石量的重塑样小一些。试样泊松比随着含石量的增加，先增加而后稳定趋向于 0.5，试样的泊松比接近 0.5 时，表明重塑样的变形不再遵守严格的弹性变形，而是逐渐向塑性变形过渡。重塑样变形模量随含石量的增大，先增大，而后略有降低，但含石量 40%、50%、60% 的重塑样的变形模量稳定在 400 ~ 450 kPa，可以预测，当重塑样含石量高于 60% 时，重塑样的变形模量会继续降低，但也只是略低于 400 kPa。

2.1.6 重塑样变形及强度规律的内在机理分析

根据三轴剪切试验记录的试样孔隙水压力数据，作出孔隙水压力与轴向应变关系曲线，见图 2-33。进行三轴剪切试验时，发现不同含石量重塑黏土-砂岩混合体试样在不同围压下孔压变化规律具有高度的一致性，具体表现为：随着试验的进行，轴向应变均匀增加，孔隙水压力先以较快速率增加，而后增速突然变缓，最后以微小增速缓慢增加，表明在三轴剪切试验过程中，试样中孔隙和裂隙是不断被压密的，因而试样整体表现出剪缩性，此时，试样的应变规律为 $\varepsilon_1 > |\varepsilon_2 + \varepsilon_3| = 2|\varepsilon_3|$。

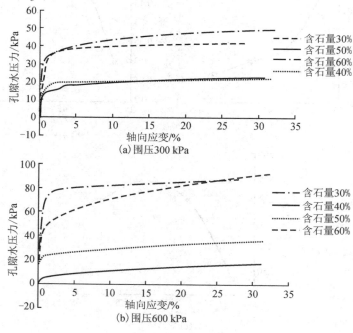

(a) 围压 300 kPa

(b) 围压 600 kPa

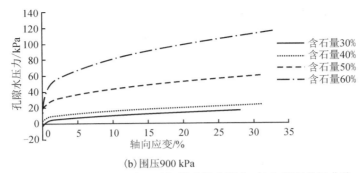

(b)围压900 kPa

图 2-33　三轴剪切试验下重塑样孔隙水压力-轴向应变关系曲线

试验发现，单轴压缩试验下的重塑样孔隙水压力变化规律与三轴剪切条件下的孔隙水压力变化规律表现出相反的趋势，如图 2-34 所示。与三轴剪切试验结果不同的是，重塑样孔隙水压力在单轴压缩试验过程中总体上呈现了下降的趋势，且在试验进行的较早阶段就下降至负压，说明试样中孔隙和裂隙是不断发育的，因而试样整体表现出剪胀性，此时，试样的应变规律为 $\varepsilon_1 < |\varepsilon_2 + \varepsilon_3| = 2|\varepsilon_3|$。在重塑样弹性变形范围内，可以计算出其体积变形量。

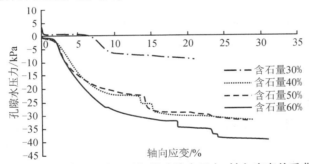

图 2-34　单轴压缩试验下重塑样孔隙水压力-轴向应变关系曲线

设一重塑黏土-砂岩混合体矩形微元，各边长分别为 dx、dy、dz，其体积为 $dv = dx\,dy\,dz$。受载后各边的长度为

$$dx + \varepsilon_x dx = (1 + \varepsilon_x)dx$$
$$dy + \varepsilon_y dy = (1 + \varepsilon_y)dy$$
$$dz + \varepsilon_z dz = (1 + \varepsilon_z)dz$$

变形后体积变成

$$dv + \Delta dv = (1 + \varepsilon_x)dx(1 + \varepsilon_y)dy(1 + \varepsilon_z)dz$$

变形后，体积增量 Δdv 为

$$\Delta dv = [(1 + \varepsilon_x)(1 + \varepsilon_y)(1 + \varepsilon_z) - 1]dv$$

展开上式，略去其中的高阶微量，得

$$\Delta dv = (\varepsilon_x + \varepsilon_y + \varepsilon_z)dv$$

重塑黏土–砂岩混合体试样体积应变 ε_v 为：

$$\varepsilon_v = \varepsilon_x + \varepsilon_y + \varepsilon_z \tag{2-10}$$

其中

$$\varepsilon_x = \frac{1}{E}[\sigma_x - v(\sigma_y + \sigma_z)]$$

$$\varepsilon_y = \frac{1}{E}[\sigma_y - v(\sigma_x + \sigma_z)]$$

$$\varepsilon_z = \frac{1}{E}[\sigma_z - v(\sigma_x + \sigma_y)]$$

将上面三式相加，得

$$\varepsilon_x + \varepsilon_y + \varepsilon_z = \varepsilon_v = \frac{1-2v}{E}(\sigma_x + \sigma_y + \sigma_z) = \frac{1-2v}{E}(\sigma_1 + \sigma_2 + \sigma_3) = \frac{1-2v}{E}(\sigma_1 + 2\sigma_3)$$

上式可简化为

$$\varepsilon_v = \frac{1-2v}{E}I_1 \tag{2-11}$$

式中　ε_x，ε_y，ε_z——x 方向、y 方向、z 方向的线应变；

　　　　σ_x，σ_y，σ_z——x 方向、y 方向、z 方向的正应力，kPa；

　　　　σ_1，σ_2，σ_3——最大正应力、中间正应力和最小正应力，kPa，这里 $\sigma_2 = \sigma_3$；

　　　　E——弹性模量，kPa；

　　　　v——泊松比；

　　　　I_1——应力第一不变量，$I_1 = \sigma_x + \sigma_y + \sigma_z = \sigma_1 + \sigma_2 + \sigma_3 = \sigma_1 + 2\sigma_3$，也称体积应力，kPa。

　　上述关系是用弹性力学规律推导得出的，因此，在重塑黏土–砂岩混合体试样的弹性范围内，其体积变形可用式（2-11）表示。

　　当重塑样的应力–应变曲线由直线变为曲线，其产生的体积变形就是一种非弹性的体积变形，重塑样在载荷作用下产生这种变形叫作扩容现象。扩容现象多用于描述岩石或岩体的体积变化，岩石的扩容指的是岩石在载荷作用下，在破坏过程中表现出来的体积变化特征，其变形是一种明显的非弹性体积变形。重塑黏土–砂岩混合体试样在受载环境下其内部存在裂隙和孔隙的压密，也会由于颗粒间挤压和错位导致重塑样内部张裂以及滑移面形成，这样就会引发重塑样的体积呈非线性增加，所以，重塑黏土–砂岩混合体试样在承受载荷时也会表现出扩容现象。

　　由图 2-34 应力–应变关系曲线可以看出，单轴压缩试验条件下，在重塑样未达到峰值强度之前就已经发生了扩容，在扩容阶段，随着外力的持续增长，重塑黏土–砂岩混合体试样的体积不是减小，而是大幅度增加，最终导致重塑样的破坏，试样破坏时试样已发生明显的横向膨胀，试样破坏后的形态见图 2–35（以围压 600 kPa 下剪坏的试样为例）。

(a) 含石量30%　　　(b) 含石量40%　　　(c) 含石量50%　　　(d) 含石量60%

图 2–35　剪切破坏后的重塑样

含石量是重塑黏土–砂岩混合体的一项重要的物理指标。含石量的变化对重塑样的物理性质和强度有着非常重要的影响。含石量不同，重塑样内部结构的孔隙率就不同，所以不同含石量的试样中细颗粒流动的顺畅度就不同，当含石量增加到一定数量后，重塑样中便会形成砂岩为"骨架"的结构形态，在块石的阻隔下，细颗粒便无法自由流动，从而使得土体中空隙不能完全被细颗粒填满。当含石量较低时，砂岩块体不足以在重塑样中形成"骨架"，土体中细颗粒流动较为容易，从而在"流动"中不断地形成新的重组形态，此时，砂岩颗粒之间很少或不发生接触，此时，重塑黏土–砂岩混合体的变形、物理性质和应力变化规律多由细颗粒决定。

从三轴剪切试验的结果和分析来看，含石量对重塑黏土–砂岩混合体的峰值强度有重要影响，随着重塑样中含石量的增加，试样的峰值强度也逐渐增大；重塑样含石量相同时，围压越大，试样的峰值强度也越大。而单轴压缩试验结果表明，重塑样中含石量越高，其峰值强度越低。重塑样在不同含石量、不同围压下的强度表现规律可以从试样内部颗粒间组合结构来解释。王江营指出，土石混合体中粗颗粒之间存在 3 种接触方式，即粗颗粒间相互分离、粗颗粒间相互附着和粗颗粒间相互接触，重塑黏土–砂岩混合体试样中砂岩颗粒之间的接触方式也可以用这 3 种接触方式描述，如图 2–36 所示。

  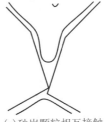

(a) 砂岩颗粒相互分离　　(b) 砂岩颗粒相互附着　　(c) 砂岩颗粒相互接触

图 2–36　重塑样中砂岩颗粒常见接触方式

对于相同围压（围压不小于 300 kPa）不同含石量的重塑样，试样内部砂岩颗粒的接触方式既有颗粒间相互分离，又有颗粒间相互附着，还有颗粒间相互接触。当试样承受载荷时，其内部土体细颗粒产生流动的趋势，而砂岩颗粒会产生移动、旋转的趋势，从砂岩颗粒接触方式来看，颗粒相互接触时，要使两砂岩颗粒位置发生错动，就需要克服砂岩颗粒之间的摩擦力，需要的外力相对较大；颗粒相互附着时次之；颗粒相互分离时，砂岩颗粒位置移动多是因土体细颗粒的流动造成的，所以需要的外力最小。在含石量大的重塑样中，砂岩颗粒相互接触的概率更大，所以其峰值强度就更大，这就解释了有围压作用时，随着重塑样含石量的增加，其峰值强度也逐渐增加的原因。

对于相同含石量不同围压的重塑样，在其内部结构中，砂岩颗粒间各种接触方式发生的概率是均等的，在轴压的作用下，试样被轴向压缩，土体颗粒流动和砂岩颗粒运动使得试样发生横向膨胀（见图 2-37），这就是试样的塑性膨胀，但在围压的作用下，试样的横向膨胀是受到抑制的，围压越大，抑制作用就越强，那么重塑样内部土体颗粒和砂岩颗粒发生相对运动便需要更大的轴向应力。所以，含石量相同的试样，围压越大，其峰值强度越大。

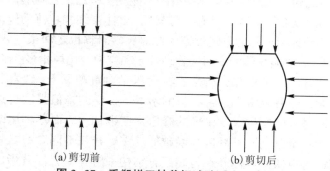

(a) 剪切前 　　　　　　　　　　(b) 剪切后

图 2-37　重塑样三轴剪切试验受力示意图

在单轴压缩试验条件下，重塑黏土-砂岩混合体试样的受力状态如图 2-38 所示。

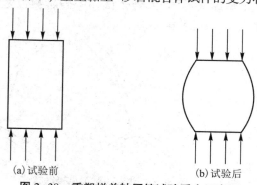

(a) 试验前 　　　　　　　　　　(b) 试验后

图 2-38　重塑样单轴压缩试验受力示意图

由于没有围压，试样发生横向变形不会受到外力抑制，而图 2-38 表明，试样在单轴压缩过程中孔隙水压力是负的，且是逐渐降低的，此时重塑样的横向应变要大于轴向应变，试样体积增大，因而试样内部结构空隙和裂隙发育，这样就为试样轴向的进一步变形提供了空间，使得发生轴向变形不需要施加很大外力。所以，含石量相同的重塑样单轴抗压强度明显小于三轴剪切条件下的轴向峰值强度。

随着重塑样含石量的增加，试样的单轴抗压强度反而减小，说明在单轴压缩试验过程中，试验内部砂岩颗粒与土体颗粒之间的接触方式发生了转化，在轴向压力作用下，砂岩颗粒间接触方式的转化可以分为两类，第一类是砂岩颗粒由相互分离转化到相互附着，进而转化为颗粒相互接触，这类转化使得砂岩颗粒接触越来越密实，砂岩颗粒间要发生相对移动的难度也逐渐增加，因而这一类转化使得重塑样的结构性得到加强。第二类是砂岩颗粒间的接触方式由相互接触转化为相互附着，进而转化为相互分离，这类转化使得砂岩颗粒间更容易发生相对移动，此时重塑样内部结构性是降低的。含石量高的重塑样相对于含石量低的重塑样，砂岩颗粒间接触方式在加载前已有较大比例为颗粒间相互接触，所以，加载过程中，砂岩颗粒间接触方式的转化形式多属于第二类，所以，含石量高的重塑样，其单轴抗压强度反而小。

2.2　K_0 固结特性

2.2.1　K_0 固结定义

土体在压力作用下孔隙水排出，其压缩随时间而增长的过程，称为土的固结。而土样在侧限条件下完成的固结称为 K_0 固结。土体静止侧压力（K_0）系数常被人们较一致地定义为土体在无侧向变形条件下侧向有效应力与轴向有效应力之比[21]。它是土体中的一个传统的重要参数，可反映土体中水平向应力的变化，也可直接计算作用于挡土结构物上的土压力分布及工程的安全性，如计算分析隧道衬砌、地下洞室边墙、土中填埋管道等地下结构物等。

2.2.2　K_0 固结土力学原理

在 K_0 固结过程中，由于孔隙体积变化和颗粒重新排列需要一个过程，土体固结变形与时间有关，土体所受载荷（总应力）在作用瞬间，主要由孔隙流体承担。随后，由于孔隙流体体积逐渐渗出，孔隙压力逐渐消散，有效应力逐渐增加。在有效应力的作用下，骨架体产生的变形分为瞬时变形和蠕动变形，其中后者由于颗粒重新排列和骨架体错动的时间效应而与时间有关。

从 20 世纪中期开始，随着人类对土的微结构研究的深入，土的试验样本的采集工具和采集工艺的改进以及室内测试技术的提高，对软土强度的土力学机理有了进一步的认识。肖建华根据岩土工程经验结合理论分析，对该认识进行了进一步的完善，认为软土的强度由胶结力、凝聚力和摩擦力三部分组成，胶结力也可称黏结力或固化凝聚力，为似刚性力，它与凝聚力（原始凝聚力）一起成为土的骨架结构强度，可能与"前期固结压力 p_c"相当。当前，对 p_c 的认识也正在深入，不仅仅局限于"土层在堆积后曾经受的上覆土压力"。特别是地质历史时期中堆积土层出水成陆后所经受的土壤化过程，使土的结构强度大大提高。胶结力 p 和凝聚力 p_c 在土体受外载荷初期即予发挥。当后者明显大于前者时（$p_c > p$），土体结构遭到破坏，胶结力和凝聚力大部分消失，且不能恢复，代之以土的摩擦力分量成为此时土的强度的主体，它具有可恢复性。

《土力学与地基基础》中把土体按历史上曾受过的最大压力与现在所受的土的自重压力相比较，分为以下 3 种类型：

（1）正常固结土。正常固结土指土层历史上经受的最大压力等于现有覆盖土的自重压力。

（2）超固结土。超固结土指该土层历史上曾经受过大于现有覆盖土重的前期固结压力。

（3）欠固结土。欠固结土指土层目前还没有达到完全固结，土层实际固结压力小于土层自重压力。

不同的固结状态下固结曲线所体现的规律也不尽相同，其对应的 K_0 系数也不一样。传统土力学中认为土的 K_0 系数大致不变，且因为自然土体常处于地表，埋深不深，由自重产生的固结压力较小，所以实验室进行的模拟试验中采用的固结压力也较小。对于露天矿排土场中的土石混合体，由于人工堆积高度的影响，在实际生产中受到的固结压力会很大。

2.2.3 K_0 系数定义

K_0 系数定义为土体在无侧向变形条件下固结后的水平向应力与竖向应力之比，即原始应力状态下的水平向应力与竖向应力之比。土体总应力包括孔隙水应力和土体有效应力，当有孔隙水压力时，K_0 系数用有效应力表示；考虑到土体应力情况，为克服由应力变化引起的侧向变形，此时采用有效应力增量表示。K_0 系数表示方法主要有总应力法、有效应力法及有效应力增量法[25]。总应力法定义的 K_0 系数为

$$K_0 = \frac{\sigma_h}{\sigma_v} \tag{2-12}$$

式中　σ_h——水平向总应力；

　　　σ_v——竖向总应力。

有效应力法定义的 K_0 系数为

$$K_0 = \sigma'_h / \sigma'_v \tag{2-13}$$

式中　σ'_h——水平有效应力；

　　　σ'_v——竖向有效应力。

有效应力增量法定义的 K_0 为

$$K_0 = \Delta\sigma'_h / \Delta\sigma'_v \tag{2-14}$$

式中　$\Delta\sigma'_h$——水平有效应力的增量；

　　　$\Delta\sigma'_v$——竖向有效应力的增量。

2.2.4　K_0 系数影响因素

（1）土体物理力学性质。土体有效内摩擦角 φ' 可反映土体内部的实际摩阻力情况。土体在有侧限压缩条件下达到稳定时，φ' 值越大，竖向有效应力就越大，K_0 系数就越小，反之则越大。考虑土体物理力学性质的 K_0 系数的经验公式为

$$K_0 = 1 - \sin\varphi' \tag{2-15}$$

实际上 K_0 系数并非 φ' 的单一函数，除 φ' 外，土体的泊松比、塑性指数、弹性模量、土壤颗粒大小、压缩指数等对其也有一定程度的影响。

（2）应力历史。假定土体为弹性体，对正常的固结土体，K_0 系数与土体的泊松比 ν 之间存在一一对应的关系。对超固结土体，超固结比越大，土体的压缩系数越小，K_0 系数越小。

（3）土体结构。有一些特殊性质，也使 K_0 系数有一定差异。当土体为各向同性时，土体结构的 K_0 系数经验公式为

$$K_0 = \mu / (1 - \mu) \tag{2-16}$$

当土体为轴对称的正交各向异性时，土体结构的 K_0 系数经验公式为

$$K_0 = \frac{\mu_2}{(1 - \mu_1)} \text{ 或 } K_0 = \frac{E_h \mu_3}{[E_v(1 - \mu_1)]} \tag{2-17}$$

式中　E_h——水平方向弹性模量；

　　　E_v——垂直方向弹性模量；

　　　μ——垂直应力对垂直应变的影响；

　　　μ_1——水平应力对水平应变的影响；

　　　μ_2——水平应力对垂直应变的影响；

　　　μ_3——垂直应力对水平应变的影响。

（4）土样受扰动程度。对原状土样，K_0 系数将随塑性指数的增加而增加；对重塑土样，K_0 系数则随塑性指数的增加而减小。

（5）孔隙水压力。当孔隙水压力存在时，K_0 系数应用有效应力表示；若加载，黏性土中的超静孔隙水压力就会逐渐减小，此时的孔隙水压力为正，K_0 系数偏大；若卸载，黏性土中就会出现负孔隙水压力，加上丧失土中原始侧向压力，也会使 K_0 系数偏大。对无黏性土，受载荷作用之后超静孔隙水压力会在短时间内迅速消散，以有效应力形式表达，对 K_0 系数的影响可忽略不计。

（6）土体固结程度。土体在自然固结或载荷作用下固结时，土体中水分逐渐渗出，土体颗粒间更为密实，进而提高了土体强度，K_0 系数就会增大。

此外，K_0 试验的方法、手段、仪器、操作过程以及测量系统的密闭性、乳胶膜的厚度、试样初始状态等一系列因素或多或少会对最终的试验结果有一定的影响，在试验过程中要尽量保持这些影响因素的一致性与精确度，确保所得到试验结果的准确性。

2.2.5　K_0 系数确定方法

1）室内试验

①压缩仪法。指在无侧向变形条件下，在试样表面施加垂向压力，此时试样侧面所承载的压力即为静止侧压力，再根据式（2-13）求 K_0 系数。

②三轴仪法。主要有两种方法：一是侧向变形限制法；二是在三轴剪切过程中，当施加轴压时，通过控制围压大小，以便使测量试样侧向变形的指示器显示为零，此时的围压与轴压之比即为 K_0 系数〔同式（2-13）〕。目前，测定 K_0 系数常用该法。

2）原位试验

①扁铲侧胀试验。扁铲侧胀试验适用于软土、黏性土、黄土、粉土、粉砂、中砂地层。该试验就是将扁铲测头压入土体中某深度后再施压，使扁铲测头一侧面的圆形钢膜向土体内膨胀，接着量测钢膜膨胀后的三个特殊位置处的压力，进而求得 K_0 系数：

$$K_0 = \left(\frac{K_D}{1.5} \right)^{0.47} - 0.6 \qquad (I_D < 1.2) \qquad (2-18)$$

式中　K_D——侧胀水平应力指数；

　　　I_D——侧胀土性指数。

②旁压试验。旁压试验适用于黏性土、饱和软土、粉土、砂土、碎石土、软岩和风化岩石。该法就是让旁压膜在竖孔内膨胀，再由外膜将压力均匀地传给周围土体，使土体发生变形直至破坏，从而得到径向变形与压力的关系及地基土水

平向的承载强度与变形。由自钻式旁压试验得到的旁压曲线可得土体原始水平应力 p_0，再求得 K_0 系数：

$$K_0 = \frac{p_0 - \mu}{\gamma h} \qquad (2-19)$$

式中　μ——孔隙水压力；

　　　γ——土体重度，水下取浮重度；

　　　h——测点的深度。

③原位应力铲试验。应力铲试验为扁铲试验中的一种，适用于黏性土、饱和软土等。该试验就是在现场测出垂直于铲面方向的土层水平方向总应力，再测出试验点处地下水位后即可得 K_0：

$$K_0 = \frac{\sigma_{hc} - \mu}{\sigma_{v0} - \mu} \qquad (2-20)$$

式中　σ_{hc}——应力铲测得水平衰减后稳定值；

　　　σ_{v0}——天然应力状态下的竖向总应力。

④静力触探试验。静力触探试验适用于黏性土、粉土、软土、砂土等地层。静力触探试验就是在不需要采样情况下，用静力匀速地将一个内部装有传感器的触探头压入土内，根据测得的土体对传感器触探头贯入阻力的大小变化，由此得到锥尖阻力 q_c 或者侧阻力 p_s 等，据此计算 K_0：

$$K_0 = \frac{0.1(q_t - \sigma_{v0})}{\sigma'_{v0}} \qquad (2-21)$$

式中　q_t——$q_t = q_c + (1 - a)\mu$；

　　　α——修正系数。

⑤载荷试验。该试验就是在现场用一个刚性的承压板逐级加载，然后测定天然地基或复合地基的变形情况，从而确定地基的承载力与变形模量，据此计算 K_0 系数：

$$K_0 = \frac{[-(E_0 - E_s) + 9E_s^2 - 10E_sE_0 + E_0^2]}{4E_s} \qquad (2-22)$$

式中　E_0——土的侧限压缩模量；

　　　E_s——土的变形模量。

3）经验公式法

①有效内摩擦角（φ'）法。Jaky 给出了有效内摩擦角为 φ' 的土坝中心线处的 K_0 系数：

$$K_0 = \frac{(1 - \sin\varphi')[1 + (2/3)\sin\varphi']}{1 + \sin\varphi'} \qquad (2-23)$$

简化式（2-22）后即可得到式（2-15）。Booker 等在式（2-15）的基础上进一步修正为

$$K_0 = 0.95 - \sin\varphi' \qquad (2-24)$$

②泊松比 ν 法。利用泊松比 ν 计算 K_0 系数的经验公式见式（2-16）、式（2-17）。

③超固结比法 O_{CR}。对首次卸载的超固结土，根据正常固结土的 K_0 系数估算超固结土的 K_{oc} 系数：

$$K_{oc} = O_{CR}^{\lambda}K_0 \qquad (2-25)$$

式中 λ——一度固定常数。

2.2.6 K_0 研究现状

在 K_0 固结的研究方面，许多学者都进行了较为深入的探究。王俊杰对 K_0 系数的研究现状进行了综述，并介绍了 K_0 系数的研究进展，为未来 K_0 系数的研究提供了借鉴。李涛对各种土层测定 K_0 值室内试验研究的过程进行了分析，为确定静止侧压力系数试验标准提供参考。俞强从应力历史角度分析 K_0 固结试验中存在的异常现象，提出确定超固结土的静止侧压力系数方法。赵玉花从 K_0 固结的土力学机理出发，分析了软黏土 K_0 系数的阶段性规律。

黄博认为结构性较强的原状土，在取土后加载的过程中，K_0 会先降低至低于其正常固结值，再回升并逐渐稳定；原状黏性土正常固结和超固结时，均可利用前人给出的经验公式对 K_0 进行估计，其中内摩擦角宜为土体正常固结时的有效峰值内摩擦角，且建议采用最大有效主应力作为砂土的不排水抗剪强度；长期交通载荷作用下产生的累积轴向应变和孔压均可作为试样结构破坏的表征。

黄浩然经过试验发现软土在低围压下，等向固结三轴压缩试验和 K_0 固结三轴压缩试验土样破坏时的主应力差差别不大，随着围压增大，K_0 固结条件下试验土体的主应力差要明显大于等向固结条件下的试验土体。栾茂田认为围压对 K_0 系数有一定的影响，且 K_0 固结条件下试样出现明显的剪胀现象。陈能证明了不同应力路径对根-土复合体的抗剪强度具有不同的影响。

王立忠认为软土的破坏线是唯一的，与初始的应力状态无关。罗庆姿开展了一维 K_0 固结试验、三轴固结不排水剪切试验、三轴固结不排水蠕变试验，分析了软黏土变形的时效性特征和变形机理。沈恺伦研究了 K_0 固结软黏土初始屈服面对应的 NCL 的斜率，通过与试验结果比较，建立了 $p'-q$ 平面上 NCL 初始斜率值与临界状态参数 M 以及 K_0 系数的相关关系。但又波建立了 K_0 固结软黏土的弹黏塑性本构模型，研究了 K_0 固结黏塑性软土的旋转硬化规律，分析了 K_0 固结软黏土的应变率效应。

总的来说，学者们对单纯土体的 K_0 固结研究比较翔实丰富，而对土石混合体的 K_0 固结研究较少，其规律有待进一步探究。

2.2.7　K_0 固结室内试验

1）土岩混合体试样组成

露天矿的生产活动实质是在实体上构建空间，在空间中构建实体，所以无论内排还是外排都会形成散体土与碎石混合的松散重塑体。研究这一混合体性质的最优途径就是选用现场剥离物作为试验的原始物料来进行试验分析，因而此次试验所制备的土石混合体原料将根据露天矿排土场的实际组分进行选取。

安太堡露天煤矿是我国最早的五大露天矿之一，其 2016 年采煤量到达 1135 万 t，年剥离总量为 5883 万 m^3。安太堡露天煤矿排土场基底为黄土，共有 4 个层段，自上而下分别为粉土、粉质黏土、黏土与粉质黏土互层和、黏土组成。滑坡易发生在底部黏土层上的粉质黏土层内，如图 2-39 所示。

图 2-39　安太堡露天煤矿排土场

为了方便试样的制备与研究，同时兼顾控制变量的原则，此次试验所制备土石混合体试样中的土体和岩体直接选自安太堡露天煤矿排土场排弃的黏土与砂岩。

2）成分分析

土和石主要由原生矿物（石英、长石、云母等）及次生矿物（主要为黏土矿物、氯化物及氢氧化物、盐类及有机化合物）组成。而对土和石矿物成分测定影响最大的便是黏土矿物，包括蒙脱石、高岭石、伊利石的测定，它们有不同的化学成分和晶格构造，是影响土和石最为主要、最为活跃的物质。

X 射线粉晶分析法是分析土和石矿物成分最常用的一种方法。其原理是当 X 射线射入不同的黏土矿物晶格时会产生不同的衍射图谱和数据，并以此为基础来鉴别黏土矿物的类型。

把从现场采取的大型石块进行锤击破碎，取其小块石样放入破碎机继续进行粉碎，将粉碎后的石料通过研磨使其通过 400 目细粒筛，并集齐 1 g。随后将其在 105 ℃下烘干至少 24 h，保证水分完全散失后装袋进行密封，以备检测。土样则直接进行研磨，过 400 目筛后烘干装袋，如图 2-40 所示。

图 2-40　过 400 目筛的土体和岩体

首先将磨成粉末的样品送到检测中心进行 XRD 成分分析，仪器采用德国布鲁克（BRUKER）公司生产的 X 射线衍射仪。该仪器由检测系统和进行处理数据的计算机所组成（如图 2-41 所示）。它能够很好地测定晶体结构及其变化规律，也是探究材料微观结构、物相组成的有效手段。

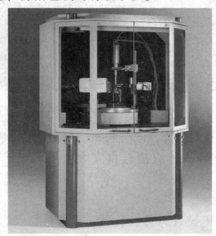

图 2-41　X 射线衍射仪

根据所测土体和岩体的特性，试验时将衍射角定为 2°~70°。由于衍射分析是一种晶体结构分析方法，主要用于晶体结构分析，根据晶体结构特点，可以进行物相鉴定，但是因空间结构一样的物质的衍射谱图一样，如磁铁矿 Fe_3O_4，与 $FeGa_2O_4$、$ZnFe_2O_4$、Fe_2MgO_4 约 40 多个物质的衍射谱图一样，所以需要结合专业知识、背景资料或元素分析结果来辅助分析，把数据导入 Jade 软件进行鉴定分析，得到土和石的分析图谱，如图 2-42 和图 2-43 所示。

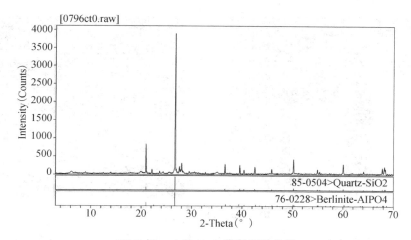

图 2-42　土体 XRD 衍射图谱分析

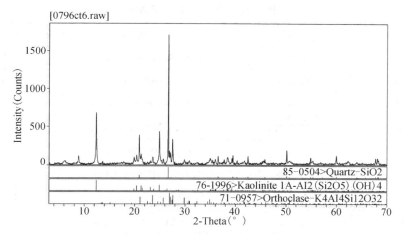

图 2-43　岩体 XRD 衍射图谱分析

　　根据 XRD 得到的图谱可以大致推断出物质的化学组成, 而元素的全量分析则需要通过 XRF 测试来得到。通过元素的全量分析, 可测得硅、铝、镁、铁、钾等主要元素的全量和组成, 可以更加深刻地了解土和石的特性。

　　X 射线荧光光谱分析 (XRF) 也是一种重要的分析方法, 可以用来测定固体物质成分, 定性分析和精确定量分析都是其能够达到的目标。此次试验使用的 X 射线荧光光谱仪为德国布鲁克 AXS 公司生产的波长色散 X 射线荧光光谱仪, 其工作光路如图 2-44 所示。

图 2-44　XRF 工作光路

通过 XRF 的分析可以直接得到被测试样一些常见化合物与元素的含量及净强度，具体数据如表 2-12 和表 2-13 所示。

表 2-12　土体 XRF 分析结果

分子式	含量	谱线	净强度
Na_2O	1.10%	Na KA1-HR-Min/Rock	5.167
MgO	0.92%	Mg KA1-HR-Min/Rock	15.46
Al_2O_3	12.07%	Al KA1-HR-Min/Rock	59.13
SiO_2	70.77%	Si KA1-HR-Min/Rock	229.4
K_2O	2.00%	K KA1-HR-Min/Rock	36.44
CaO	1.35%	Ca KB1-HR-Min/Rock	2.914
Fe_2O_3	3.59%	Fe KB1-HR-Min/Rock	11.73
Sc	9.3×10^{-6}	Sc KA1-HR-Tr/Rock	0.0182
Ti	4038.0×10^{-6}	Ti KA1-HR-Tr/Rock	11.77
V	73.9×10^{-6}	V KA1-HR-Tr/Rock	0.6414
Cr	54.0×10^{-6}	Cr KA1-HR-Tr/Rock	0.1337
Mn	334.0×10^{-6}	Mn KA1-HR-Min/Rock	1.213
Co	8.2×10^{-6}	Co KA1-HR-Min/Rock	0.7094
Ni	23.1×10^{-6}	Ni KA1-HR-Tr/Rock	0.2468
Cu	21.7×10^{-6}	Cu KA1-HR-Tr/Rock	0.4346
Zn	57.9×10^{-6}	Zn KA1-HR-Tr/Rock	1.163

续表 2-12

分子式	含量	谱线	净强度
Ga	13.9×10^{-6}	Ga KA1-HR-Tr/Rock	0.597
As	8.4×10^{-6}	As KA1-HR-Tr/Rock	1.066
P	371.3×10^{-6}	P KA1-HR-Min/Rock	1.499
S	251.2×10^{-6}	S KA1-HR-Min/Rock	1.048
Cl	138.7×10^{-6}	Cl KA1-HR-Min/Rock	0.3042
Br	2.5×10^{-6}	Br KA1-HR-Tr/Rock	0.5776
Rb	86.9×10^{-6}	Rb KA1-HR-Tr/Rock	8.124
Sr	116.3×10^{-6}	Sr KA1-HR-Tr/Rock	11.57
Y	23.4×10^{-6}	Y KA1-HR-Tr/Rock	4.863
Zr	208.5×10^{-6}	Zr KA1-HR-Tr/Rock	34.44
Nb	19.7×10^{-6}	Nb KA1-HR-Tr/Rock	5.634
Ba	453.4×10^{-6}	Ba LA1-HR-Tr/Rock	0.4509
La	27.7×10^{-6}	La LA1-HR-Tr/Rock	0.01748
Hf	7.5×10^{-6}	Hf LA1-HR-Tr/Rock	0.1772
Pb	22.1×10^{-6}	Pb LB1-HR-Tr/Rock	0.8322
Ce	71.7×10^{-6}	Ce LA1-HR-Tr/Rock	0.2489
Th	7.9×10^{-6}	Th LA1-HR-Tr/Rock	1.376
CO_2	7.48%		

表 2-13　岩体 XRF 分析结果

分子式	含量	谱线	净强度
Na_2O	0.18%	Na KA1-HR-Min/Rock	0.9318
MgO	0.55%	Mg KA1-HR-Min/Rock	6.799
Al_2O_3	19.67%	Al KA1-HR-Min/Rock	92.72
SiO_2	65.30%	Si KA1-HR-Min/Rock	196.3
K_2O	3.71%	K KA1-HR-Min/Rock	66.35
CaO	0.29%	Ca KB1-HR-Min/Rock	0.6167
Fe_2O_3	5.98%	Fe KB1-HR-Min/Rock	18.36

续表 2-13

分子式	含量	谱线	净强度
Sc	10.3×10^{-6}	Sc KA1-HR-Tr/Rock	0.01953
Ti	4399.5×10^{-6}	Ti KA1-HR-Tr/Rock	12.49
V	79.8×10^{-6}	V KA1-HR-Tr/Rock	0.6772
Cr	500.9×10^{-6}	Cr KA1-HR-Tr/Rock	1.188
Mn	11.8×10^{-6}	Mn KA1-HR-Min/Rock	1.032
Co	16.8×10^{-6}	Co KA1-HR-Min/Rock	0.1623
Ni	10.1×10^{-6}	Ni KA1-HR-Tr/Rock	0.2438
Cu	70.0×10^{-6}	Cu KA1-HR-Tr/Rock	1.226
Zn	21.8×10^{-6}	Zn KA1-HR-Tr/Rock	0.7916
Ga	266.0×10^{-6}	Ga KA1-HR-Tr/Rock	0.9415
As	48.7×10^{-6}	As KA1-HR-Tr/Rock	0.1777
P	62.9×10^{-6}	P KA1-HR-Min/Rock	0.1825
S	97.8×10^{-6}	S KA1-HR-Min/Rock	7.959
Cl	64.8×10^{-6}	Cl KA1-HR-Min/Rock	5.275
Br	25.3×10^{-6}	Br KA1-HR-Tr/Rock	4.628
Rb	190.7×10^{-6}	Rb KA1-HR-Tr/Rock	29.95
Sr	26.2×10^{-6}	Sr KA1-HR-Tr/Rock	5.727
Y	756.9×10^{-6}	Y KA1-HR-Tr/Rock	0.7146
Zr	68.9×10^{-6}	Zr KA1-HR-Tr/Rock	0.05858
Nb	7.4×10^{-6}	Nb KA1-HR-Tr/Rock	0.1442
Ba	20.2×10^{-6}	Ba LA1-HR-Tr/Rock	0.6834
La	124.7×10^{-6}	La LA1-HR-Tr/Rock	0.3932
Hf	18.4×10^{-6}	Hf LA1-HR-Tr/Rock	1.473
Pb	3.59%	Pb LB1-HR-Tr/Rock	0.9318
Ce	0.18%	Ce LA1-HR-Tr/Rock	6.799
Th	0.55%	Th LA1-HR-Tr/Rock	92.72
CO_2	19.67%		

通过 XRD 与 XRF 的测试分析，发现所选用的黏土组成成分相对简单，主要是由二氧化硅（SiO_2）与磷酸铝（$AlPO_4$）组成。磷酸铝不溶于水，溶于浓盐酸和浓硝酸、碱，微溶于醇，是制造特种玻璃的助溶剂。

所选砂岩的成分中除了大量的二氧化硅外，还有一定量的高岭土 $Al_2(Si_2O_5)(OH)_4$ 与冰长石 $K_4Al_4Si_{12}O_{32}$。高岭土是晋北地区非常常见的黏土矿物，由火成岩和变质岩中的长石或其他硅酸盐矿物在缺少碱金属和碱土金属的酸性介质中经风化作用形成。高岭土和水结合后可以形成一种具有可塑性的泥料，所以高岭土是陶瓷坯体工艺中的常用原料。同时高岭土成分与水结合后所具有的特性，也使土石混合体固结排水后所体现的黏性和塑性更强。冰长石是一种典型的低温热液矿物，熔点不高，熔融后形成无定形的玻璃体。在温度较低的情况下，煤灰内部发生的主要反应中就有高岭石的分解与冰长石的生成，这与该砂岩所处岩层覆于煤层上部的实际环境相契合。

3）土体和岩体配比

土石混合体是一种与单纯土体和单纯岩体既有关联又明显不同的特殊混合体，在新世纪之前的土力学研究和生产实践中，人们将土石混合体直接归到土体中的一种，并且在计算时，常把它当作一种均值连续材料，其自身的力学参数都是借鉴传统土力学中的参数并乘以一定的修正系数得到的。然而土石混合体在工程实践中展现出明显不同于土体的工程特性，且土石混合体的配比与级配对其强度有直接的影响。

在现有学者对土石混合体的研究中，油新华认为土石混合体中的含石量低于 25% 时，岩体在混合体中只起到了填充的作用，对混合体的渗透性和抗剪强度的影响很小；当含石量大于 25% 时，在混合体中起到填充作用的就变成了土体，岩体则作为了骨架，土石混合体的渗透系数与抗剪强度随含石率的增大而显著地变大；而当含石量大于 60% 时，起到全骨架作用的就全部变成了岩体，其各项力学参数指标也基本由岩体决定。由此可见，含石量对于土石混合体的力学性质有着非常重要的影响。

通过对此次试验所选黏土和砂岩所进行的预试验，发现当含石率接近 80% 时，无论如何调整初始含水率与固结压力，在固结仪上都难以使土石混合体固结成样。同时为了让土石混合体尽可能充分地体现土体和岩体各自的力学特性，含石量应控制在 25%~60%，最终为了便于控制试验条件，将所有试样的含石量定为 50%。

与此同时，根据《土工试验方法标准》中的规定，如果试样粒径小于 20 mm 时，那么进行三轴试验的试样最小直径为 $\phi35$，最大直径为 $\phi101$，试样的高度最好是试样直径的 2~2.5 倍，且试样允许的最大粒径应符合表 2-14。

表 2-14　试样允许的土粒最大粒径

试样直径/mm	允许最大粒径
<100	试样直径的 1/10
>100	试样直径的 1/5

而在岩石的三轴试验中，试样的尺寸通常为 $\phi25\times50$ mm、$\phi50\times100$ mm 和 $\phi100\times200$ mm，高径比为 2∶1。同时也有文献指出，土石混合体中岩体粒径最大不应超过试样直径的 1/5。

综上所述，在满足土工试验与岩石试验标准的条件下，结合土石混合体的研究现状，兼顾试样尺寸与各粒径的关系，确定试样的尺寸为 $\phi50\times100$ mm，土体选择过 2 mm 筛的黏土，岩体选择粒径为 5~8 mm 均质的砂岩，如图 2-45 所示。

图 2-45　所选土体和岩体实物图

4）土体和岩体相对密度测定

土石混合体组成各部分的相对密度测定十分重要，它是土石混合体计算的基础参数之一，在已知组成原料的相对密度时，结合配比及固结后的数据，即可计算得到有关试样的大量力学参数，为进一步的研究奠定基础。

根据《土工试验方法标准》，土体的相对密度测定采用比重瓶法。主要的试验仪器包括：

（1）容积为 100 mL 的短径比重瓶。

（2）准确度为 ±1 ℃的恒温水浴锅，用于控制比重瓶的温度。

（3）可调温度的电热砂浴器，用于获得煮沸后的纯水和使比重瓶内水沸腾。

（4）最小分度值为 0.001 g 的天平。

（5）刻度为 0~100 ℃，最小分度值为 0.1 ℃的温度计。

恒温水浴锅和电热砂浴器如图 2-46 所示。

图2-46 恒温水浴锅和电热砂浴器

试验前，先对比重瓶进行校准，将其内外清洗干净之后，放入烘箱烘干并置于干燥器内，待比重瓶完全冷却后再对其称重，使精确度达到0.001 g。随后在比重瓶内注入经煮沸并冷却后的纯水，把瓶内注满水后将瓶塞塞紧，让多余的水从瓶塞中央的细管中溢出，再将其放入恒温水浴锅，使其内部的水温保持稳定。最后，将比重瓶从中取出，把比重瓶外部的水全部擦干，称量瓶和水的总质量，精确至0.001 g。同时测量并记录恒温水浴锅内的水温，精确至0.1 ℃。具体按照以下步骤进行比重瓶法试验：

（1）首先将比重瓶洗净烘干，再在比重瓶内装入15 g烘干后的试样，称量试样和瓶的总质量，使精确度达到0.001 g，如图2-47所示。

（2）将大约半瓶量的纯水注入比重瓶内，把比重瓶摇匀后放在砂浴上煮沸，使得煮沸时间自悬液沸腾起沙后达到1 h，沸腾后适当对砂浴温度进行调节，保证比重瓶内的悬液不会溢出。

（3）在装有试样悬液的比重瓶内注入经煮沸并冷却后的纯水并注满，塞紧瓶塞，让多余的水从瓶塞中央的细管中溢出。

图2-47 装入比重瓶中的黏土

（4）将比重瓶放入恒温水浴锅使其内部的水温保持稳定，且使瓶内上部悬液澄清，最后，将比重瓶从中取出，把比重瓶外部的水全部擦干，称量瓶和水的总质量，精确至0.001 g，并测定瓶内水温，精确至0.1 ℃。

将得到的数据带入式（2-26）进行计算：

$$G_s = \frac{m_d}{m_{bw} + m_d - m_{bws}} \times G_{iT} \qquad (2-26)$$

式中 G_s——土壤的相对密度；

m_{bw}——比重瓶、水总质量，g；

m_{bws}——比重瓶、水、试样总质量，g；

G_{iT}——T ℃时纯水的相对密度。

由于后续试验均是在 23 ℃下进行的，通过查表可以得到 23 ℃下纯水的相对密度为 0.9775。

在进行两次相同的平行测定之后，根据比重瓶法测定所得的数据，带入公式得到所用砂质黏土的相对密度为 2.657，同理测得砂岩的相对密度为 2.683。

同时在实验室内对所用黏土进行试验测定，得到其塑性指数为 29.5%。

5) 试验方案

露天矿排土场处于中心部分的剥离物实际上是一种有侧限的堆积，伴随着地下水侵入与降雨影响，这种排弃方式使得通过剥离得到的松散土石混合体经历了上覆剥离物不断覆盖加压的过程，而这一过程则近似为 K_0 固结过程。上覆剥离物的覆盖和二次剥离可以看作载荷的不断增加与减少，而整个排弃的过程从总体时间的角度来看又可以看作是一种"半连续"的状态。无论是卡车的间序排土还是排土机的连续排土，在排土工作进行时，可以把这种状态认为是一种上覆载荷不断增加的连续过程，此时的土石混合体处于一种上覆载荷持续增加的固结状态。

当排土工作中止或上覆台阶排土完成时，位于内部的土石混合体实际处于一种上覆载荷不变的固结状态；当排土工作继续或形成新的排土台阶时，原来的土石混合体又处于新一级载荷下的固结状态。所以，这种间续的状态使得内部的土石混合体处于一种上覆载荷分级加载的固结状态。

综上所述，可以通过试验室对松散的土石混合体进行 K_0 固结试验来模拟露天矿排土场内部土石混合体的受力情况。首先将初始的松散土石混合体按照一定配比及含水率进行分级加载 K_0 固结试验，从而体现"断续"的状态。之后将分级加载固结好的土石混合体试样卸载，模拟二次剥离致使上覆载荷消失的工况。对分级加载得到试样再进行渗透试验，得到不同固结压力下土石混合体的渗透系数，接着再把部分分级加载固结得到的试样当作连续加载固结试验的原始试样，在 GDS 上再次加压进行连续固结试验，此时分级加载结束后试样所承受的最大压力，则对应成为二次固结试样的前期固结压力（p_c）。最终将二次加压固结得到的试样进行不排水剪切试验，得到土石混合体的力学强度参数。

设计思路如下：

(1) 获取试验材料。选取安太堡露天煤矿排土场的黏土与砂岩，作为土石混合材料的土体与岩体，按照土石混合体的配比对物料进行筛选。

(2) 分级加载固结试验。将筛选后的原料与一定量的水按设定比例混合，于 WG 型单杠杆固结仪上按加载标准加载到目标固结压力，并保持相应的时间，得到试样的压缩性指标和固结过程中的力学参数。

(3) 渗透试验。将分级加载得到的试样进行抽气饱和后于 GDS 土工试验平台上进行渗透试验，得到相应的渗透系数。

（4）连续加载固结试验。将经过渗透试验后的部分试样置于 GDS 土工试验平台上进行连续加载固结试验，得到有关 K_0 固结的相关参数。

（5）不排水剪切试验。对连续加载固结完成后的试样在 GDS 土工试验平台上进行不排水剪切试验，得到相应的剪切参数。

具体试验流程如图 2-48 所示。

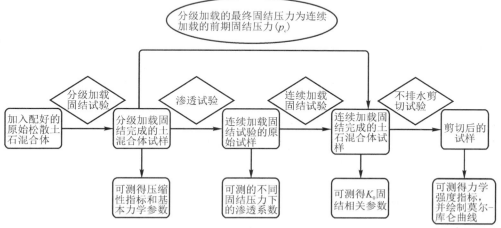

图 2-48　试验流程

6）分级加载固结试验步骤

分级加载固结试验采用的仪器相对简单，主要使用的是南京土壤仪器厂制造的 WG 型单杠杆固结仪，如图 2-49 所示。

图 2-49　WG 型单杠杆固结仪

K_0 固结的固结应力条件应满足 $\varepsilon_r = 0$，即试样固结过程中的侧向变形等于零。此固结仪通过杠杆和砝码从模具的上部进行加载，对模具内的散体材料施加竖直向下的载荷，而模具在加强环的约束下保持径向应变为零，从而形成侧限。因而此固结方式实质上是一种 K_0 固结。通过 WG 型单杠杆固结仪对松散土石混合体的前期固结，不仅可以测得固结过程中的基本力学参数，还可以使混合体压缩成样，方便进行后续试验。

为了模拟露天矿排土场不同深度土石混合体的情况，选用了 6 个压力梯度，固结试样的目标固结压力分别达到 0.1 MPa、0.2 MPa、0.5 MPa、1.0 MPa、2.0 MPa、4.0 MPa。

试样的尺寸确定为 $\phi50\times100$ mm，土体和岩体各占 50%，通过前期的探究，得到当单个试样总质量为 500 g 时，在最大固结压力 4.0 MPa 下固结完成的试样高度仍大于 100 mm。所以为了便于后期得到标准试样，单个试样的土体与岩体均选择 250 g 进行混合。

为了使土体和岩体既能够充分有效地均匀混合，又可在固结过程中不过度排水，通过预试验得到当初始含水率为 15% 时，即单个试样添加水的质量为 75 g 时，从 0.1 MPa 到 4.0 MPa 载荷下的松散土石混合体试样都能较好成样，并会在固结过程中适量排水。因此，选择每个试样均加 75 g 水进行混合，使所有试样未固结前的含水率达到 15%。

具体的试验步骤如下：

（1）将选用的土体和岩体通过烘箱在 105 ℃ 烘干至质量不再变化，确保水分充分散失。

（2）将烘干后的土体和岩体按照比例加水充分均匀搅拌。

（3）在模具内壁均匀涂抹凡士林，底座上垫衬透水石与透水纸后用加强环将模具箍紧。

（4）将混合均匀的土石混合体分 5 次放入模具中，每次用相同的重锤由固定高度自由落下击实 5 次，每次击实一层物料后将表面抛毛再添加下一层物料，使所填放的土石混合体均匀平整地安放在模具内，如图 2-50 所示。

图 2-50　装填原料

（5）加料完毕后，于物料上方分别垫衬透水纸、透水石和顶帽。

（6）将模具移至固结仪加载平台，放置好力臂，通过添加砝码进行加载，加载标准如下：

对于 0.1 MPa、0.2 MPa、0.5 MPa、1.0 MPa、2.0 MPa、4.0 MPa 六个目标固结压力，每个压力等级下固结 6 个试样做平行对比。参照土工试验标准：当试样在每级载荷作用下竖向变形变化率≤0.005 mm/h 时，便开始施加下一级的载荷。注意在加压时对应加砝码轻轻放下，尽量避免冲击摇晃。依次逐级加压，至加载完毕。分级加载如表 2-15 所示。

表 2-15　分级加载列表

固结压力 /MPa	第 1 次	第 2 次	第 3 次	第 4 次	第 5 次	第 6 次	第 7 次
0.1	0.1						
0.2	0.1	0.2					
0.5	0.1	0.2	0.4	0.5			
1.0	0.1	0.2	0.4	0.8	1.0		
2.0	0.1	0.2	0.4	0.8	1.6	2.0	
4.0	0.1	0.2	0.4	0.8	1.6	3.2	4.0

最终加载完毕后，各级固结压力对应的砝码总质量如表 2-16 所示。

表 2-16　各级压力对应的砝码总质量

固结压力/MPa	0.1	0.2	0.5	1.0	2.0	4.0
最终加载总质量/kg	1.225	2.550	6.375	12.750	25.500	51.000

（7）待所有砝码加载完毕后，继续固结 48 h，使试样排出多余的水分并充分固结成型。

（8）固结完成后，卸载砝码和加强环，得到初次分级加载 K_0 固结的试样，如图 2-51 所示。

图 2-51　初步固结好的试样

（9）对固结好的试样进行称量，称量完毕后切割成标准试样，使试样高度为 100 mm，对切割后的多余物料进行称量后放入 105 ℃的烘箱中烘干至质量不再发生变化，再次称量后计算可得到试样固结完成后的实际含水率。

（10）在被切割试样的表面铺撒一层含水率为 15%的薄层黏土，将试样重新用固结仪在最终固结压力下再固结 2 h，使得切割后的试样表面变平整，并使试样的最终高度控制在（100±3）mm 内。

（11）对最终的试样称量后，用夹链规格袋排气后裹紧密封，贴标后用胶带在外部缠绕包裹，放入装有湿毛巾的储物箱内保存，待后续试验使用。包裹好的试样如图 2-52 所示。

图 2-52　包裹好的试样

7）连续加载固结步骤

进行连续加载固结试验原始试样就是通过分级加载固结后完成的试样，通过电脑控制的 GDS 三轴仪对试样进行两次 K_0 固结。GDS 可以对试样按照一定的速度持续加大轴向压力，同时通过传感器使得径向增加的压力正好使试样径向不发生形变，从而模拟 K_0 固结的过程。待试样固结压力达到目标值时，利用高级加载模式，使试样在几乎不发生形变的缓慢 K_0 过程中充分排水，当排水稳定且满足《土工试验方法标准》中的限定值时，可以认为固结完成。对固结完成后的试样进行不排水剪切（CU）试验，当试样的轴向应变达到 20%左右时停止剪切。

8）GDS 介绍

GDS 是一种由欧美大地仪器设备中国有限公司代理的产自英国的土工试验工作台。它由高级压力/传感控制器、压力室、电脑三部分构成，如图 2-53 所示。

GDS 高级压力/传感控制器是一个由微处理器控制的液压泵，用于精确测量液体压力和液体体积变化。在商用领域和土力学试验教学领域可以

图 2-53　GDS 土工试验平台

作为一个标准的研究仪器，它提供了最高级别的精度、分辨率和控制能力。压力腔中可以充填水、油或气体，且可作为一个恒压源单独工作，又能用作体积变化指示仪，分辨率达到 1 mm³。相应地，它在岩土工程试验室能用作一般的压力源以及体积变化指示仪。例如，该仪器是理想的反压力源，同时也能量测试样的体积变化。

该仪器可通过自己的控制键盘，使等速率、循环压力和体积随时间曲线线性变化，这意味着它也是常流速或常水头渗透试验的理想仪器。

　　GDS 高级压力/传感控制器液压缸体中的液体（通常为无气水）通过移动活塞加压和产生位移。活塞由丝杆驱使，丝杆带有球形螺帽，电动马达和齿轮箱连接在一起做往复运动，并与活塞相连。压力传感器测和微处理器可以分别控制压力与控制算法，从而使控制器步进到一个目标体积变化或寻找到目标压力。步进马达可以通过步数来测量体积变化。

　　9）K_0 系数阶段性规律

　　传统土力学研究的对象是单一土体，而自然界中土大多存在于地表表层，所以通常的对土体固结规律的研究中，其轴向应力上限较小，大约在 1.0 MPa，模拟现实深度约为 50 m。而土石混合体很多是由人工搬运堆积形成的，例如露天矿的排土场高度可达 200 m 左右，其底部对应的轴向应力可达 4.0 MPa 左右，因此在土石混合体固结试验中，加载载荷要比传统土固结加载载荷大许多。

　　土力学中一般认为土的 K_0 值为常数，而在土石混合体中，其性质受土体和岩体的共同影响，这两种材料本身各自的 K_0 系数通常并不相等，组成的混合体 K_0 系数也自然有所差异。随着轴向应力的增加，土石混合体被不断压缩，其内部主要的受力结构和承载体也在不断地变化，再加上石块形状的不规律性以及与土颗粒粒径的巨大差异，导致内部的孔隙大小和分布较为复杂，其力学特性的表现会存在一定的随机性。因此，结合土石混合体在不同前期固结压力下的 $\sigma_3' - \sigma_1'$ 图像，可以得到土石混合体的 K_0 系数具有阶段性特征：

　　（1）正常固结阶段土石混合体 K_0 系数。

　　前期固结压力较小的试样在正常低固结压力阶段，$\sigma_3' - \sigma_1'$ 近似为近似的一条直线，K_0 值比较稳定，如图 2-54 中所示，前期固结压力为 0.2 MPa 的试样在正常低压固结阶段 K_0 值约为 0.454。而对于前期固结压力为 1.0 MPa 的试样，其在正常固结阶段，K_0 值在缓慢地上升，对应的值约为

$$K_0 = 0.3519 + 0.00004x \tag{2-27}$$

式中　x——目标固结压力，kPa。

　　由试验得此次土石混合体的有效内摩擦角 φ' 为 33.98°，代入经验公式

$$K_0 = 1 - \sin\varphi' \tag{2-28}$$

得到 K_0 系数值为 0.441，与前期固结压力较小试样的低固结压力阶段的 K_0 值大致吻合，而比前期固结压力较大试样的高固结压力阶段大。所以，对于初始固结压力较小试样的低固结压力阶段，黏土 K_0 经验计算公式（2-28）是比较适用的。这可能是由于当前期固结压力较小时，土石混合体内部孔隙较多，结构较为松散，物料颗粒的运动互相阻碍的影响较小，试样特性表现与土体相似。

　　（2）超固结阶段土石混合体 K_0 系数。

　　试样处于超固结状态时，其 K_0 值受前期固结压力的影响。首先通过式（2-29）

中的计算值来对比此次试验结果

$$K_{oc} = O_{CR}^{\lambda} K_0 \qquad (2-29)$$

式中　O_{CR}^{λ}——超固结比，是物料的前期固结压力与现有土层自重压力之比。

　　　λ——与物料有关的常数，我国《建筑基坑工程技术规范》建议的取值为

0.5。而又有学者建议 λ 通过有效内摩擦角 φ' 来计算：

$$\lambda = \sin\varphi' \qquad (2-30)$$

通过代入有效内摩擦角得到 λ 的取值为 0.559。

由于前期固结压力为 1.0 MPa 与 2.0 MPa 的试样的正常固结阶段的 K_0 值并不是定值，为了方便对比，K_0 值取其正常固结开始至目标固结压力阶段内有效应力比的平均值。试样实际超固结状态的 K_0 系数与式（2-29）的计算值对比如图 2-54 所示。

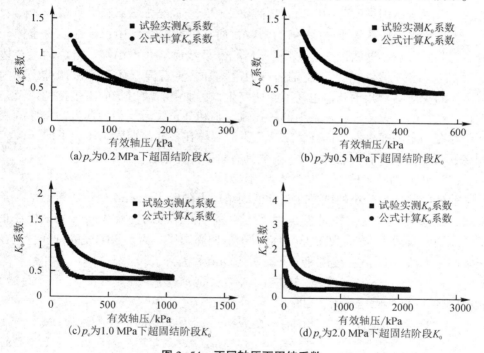

图 2-54　不同轴压下固结系数

如图 2-54 所示，通过式（2-28）计算得到的 K_0 值与土石混合体试样实测值差距较大，且普遍大于实测值，只是在接近超固结与正常固结分界点时比较接近，这也是因为在此区域内公式中 O_{CR}^{λ} 的值接近 1，此固结压力下超固阶段的 K_0 值与正常固结阶段的 K_0 值基本相等。但从公式本身来讲，当前期固结压力较大时，试样从零开始二次固结，那么开始阶段试样二次固结的 O_{CR} 值就会很大，即使经过开方和与正常固结 K_0 系数相乘的运算，得到的值也远大于 1，而实际上 K_0

系数是从 1 开始减小的，这就直接造成了初始阶段二者的巨大差异，而这一差异将会随着前期固结压力的增大而越来越明显。

在前期固结压力较小试样的超固结阶段内，公式计算值与实测值相对较为接近，此时的试样内部还比较松散，可塑性很大，与单纯的土体性质较为相似。

从整体的固结过程上来看，土石混合体的 K_0 值会经历先下降再缓慢升高的过程。当试样从相似的初始围压状态开始固结，并给予确定的固结速率时，那么试样的 K_0 值首先从 1.0 开始降低至较平稳的阶段。当给予试样二次固结的初始有效围压小于前期固结压力时，固结曲线的拐点出现在 0.2~0.3 MPa，且并不受前期固结压力大小的影响。而前期固结压力处于这一区段前后将直接影响其超固结阶段 K_0 值的大小。

本书将这一区段称为土石混合体的"结构应力重塑区"。土石混合体试样在经过初次固结之后，本身已经具有了一定的结构性，相对纯黏土来说，因为岩体的加入使其结构性更强，即使在较低的前期固结压力下也能具有较强的结构性。所以当试样进行二次固结的时候，只要开始固结的有效围压小于前期固结压力且加载速度及其他试验条件相同时，土石混合体自身已有的整体结构性就会得到体现，试样从有效轴压和围压相等情况开始 K_0 固结，K_0 系数曲线中的"转弯"区域几乎为同一区段（例如图 2-54 中各曲线固结压力为 0.2~0.3 MPa 的区段），此时试样完成应力的重新分配整合，之后的 K_0 系数图像将稳定不变或较为平稳地变化。而这一区段几乎不受前期固结压力和自身处于正常固结或超固结阶段的影响，其所在位置是大致固定的，只与土石混合体组成及二次固结的加载速度有关。

此外，土石混合体除了具有较强的结构性外，前期固结压力越小，在低固结压力阶段的 $\sigma_3'-\sigma_1'$ 曲线线性程度越好，超固结与正常固结的界限越明显，K_0 值也越稳定，也越接近纯土体经验公式的计算值，具有与纯土体相似的特性。当前期固结压力较大时，试样在高固结压力作用下，内部孔隙越来越小，岩体逐渐成为混合体内部的主要受力结构，试样超固结与正常固结的界限并不明显，K_0 值也不再是一个固定值，而是近似线性增加。

第3章

松散土石混合体重构特性

3.1 松散土石混合体重构概念与机理

松散土石混合物在水、应力等因素作用下发生一定程度的胶结作用，随时间发展与影响胶结作用因素的变化，其胶结程度不断变化，宏观表现为物理力学特性及水力学特性的变化，此过程称为土石混合体的重塑过程。载荷对于松散物料重塑强度方面的研究成果较多，熊承仁等揭示了重塑非饱和黏性土含水率、干密度与基质吸力抗剪强度、变形模量等指标的函数关系，首次提出了孔隙充水结构的概念，即从毛细凝结和孔隙分布两方面来描述非饱和土重塑指标，揭示了非饱和土中基质吸力的变化规律。缪林昌等研究分析了非饱和重塑膨胀土的应力应变剪缩剪胀特性和应变硬化软化与土样内部孔隙孔径大小及孔隙间连通性的相关性，通过试验发现了其吸力强度与吸力服从双曲线规律。王亮等通过调配不同含水率的重塑淤泥，利用自主研制的室内微型高精度十字板剪切仪，研究了含水率对重塑淤泥、重塑不排水强度的影响规律。

目前的研究多集中于非饱和土以及固化淤泥的重塑，对土石混合体重塑的概念尚未有明确提出，也没有通过 K_0 固结的方式来模拟露天煤矿土石混合体重塑的过程。

当露天矿中的剥离物排弃到排土场中，土与岩石便混合在一起堆积在排土场里，随着排弃物的增加，土与岩石的混合物就会被逐渐压实，加上雨水的作用，最终土石之间便重塑为具有特殊性质的结构体，我们称之为重塑土石混合体。重塑的过程实质是固结的过程，而当重塑完成，形成了具有稳定性质的重塑体以后，其强度特性和变形特性便是需要研究的问题。

3.2 土石混合体力学试验方法分类与试验方案设计

岩土体的物理力学参数是安全评价及工程应用的基础数据，而获取这些基础数据最直接有效的途径即为力学试验方法。在地质详勘和边坡抢险工程中，岩体力学参数的准确测定是至关重要的，对于原始地层，可以采用直剪、单轴压缩、点载荷、三轴压缩等常规的试验方案在实验室内测定物理力学参数。但是对于开挖堆载形成的土石混合体，其胶结性质较差，无法进行有效的钻探取芯，此时大型岩体力学试验表现出明显的优势，关键在于大型原位试验能够更加全面地测定岩土体结构面包络线的综合强度，确保试验结果更加可靠。

3.2.1　试验方法分类

岩土工程和边坡工程经历了上百年的发展，已经形成了较为丰富和全面的试验方法，目前，按照测定参数、试验设备和适用范围对土石混合体可采用的试验方法进行了分类，如表 3-1 所示。

表 3-1　常用试验方法

试验方法		测定参数	试验设备	适用范围
室内试验	直接剪切试验	抗剪强度	土工直剪仪	土、泥质胶结的软岩
	单轴压缩试验	抗压强度	液压式压力实验机	自然状态下的硬岩试样
	三轴压缩试验	抗剪强度	应变控制式三轴仪	细粒土和砂类土
	点荷载试验	抗拉强度	点载荷试验仪	不规则的岩块、软弱破碎岩石
原位试验	推剪试验	抗剪强度	推剪试验装置（千斤顶、液压泵、大量程百分表、传压板、钢板、钢卷尺等）	大型复杂岩体
	压剪试验	抗剪强度	压剪试验装置（气囊、千斤顶、大量程百分表、传压板、钢板、钢卷尺等）	大型复杂岩体
	原位试验	抗剪强度	千斤顶、锚杆、百分表、液压泵、传压板、液压表	大型复杂岩体

上述试验方法可以较好地对天然岩体和混合岩体的力学参数进行测定，为边坡岩体强度的评价和稳定性分析提供基础数据。

表 3-1 中的室内试验方法更多地适用于小型天然岩体的室内试验，这些试验往往需要钻探取芯、试样加工等前期辅助工作，对于岩样的扰动较大，容易造成较大的误差。试验的操作水平同样会影响结果的精确度。

原位试验主要测定大型岩样的综合物理力学参数，岩样在现场进行制作，减少了对剪切面的扰动，并且进行原位试验，试验环境的真实度高，测得的数据也能更准确地反映大型岩体的综合物理力学参数，岩样制作和试验操作会对试验结果造成一定的误差，但是，相对室内试验来说，误差量较小。原位试验可以满足对非均质岩体、混合体的力学参数的准确测定。

3.2.2 原位试验技术与试验方案设计

原位试验，顾名思义是在现场原始采样点直接进行试验，测定岩土体的物理、力学参数，在原位试验过程中，应保持岩样的原始含水量和原始结构，并且尽可能地降低岩样加工对于岩土体结构的扰动和破坏，对最真实状态下的岩土体进行直接测定，确保试验结果能够更加准确地反映岩土体的力学强度参数。

原位试验与室内试验相比，具有以下优点：

（1）直接测定岩土力学性质而省略钻探取样，同时能真实反映岩土的天然结构和天然应力状态下的特性。

（2）原位试验通过对大尺寸的岩样的测试，能更准确地测定岩土体结构面等的强度，规避了小型岩样强度的离散性。

（3）可重复进行验证，缩短试验周期。

当然，该方法在现场应用的过程中，存在难以实现对试验边界条件的准确控制，无法准确获取试验点周围区域的排水及应力条件的问题。

1）原位试验技术流程

岩、土体原位测试是在现场制备试件模拟工程作用对岩体施加外荷载，进而求取岩体力学参数的试验方法，是岩土工程勘察的重要手段之一。岩体原位测试的最大优点是对岩体扰动小，尽可能地保持了岩体的天然结构和环境状态，使测出的岩体力学参数直观、准确；其缺点是试验设备笨重、操作复杂、工期长、费用高。另外，原位测试的试件与工程岩体相比，其尺寸还是小得多，所测参数也只能代表一定范围内的岩体力学性质。因此，要取得整个工程岩体的力学参数，必须有一定数量试件的试验数据是用统计方法求得的。原位试验基本操作程序如图 3-1 所示。

（1）试验方案制订和试验大纲编写。

这是岩体原位试验工作中最重要的一环，其基本原则是尽量使试验条件符合工程岩体的实际情况。因此，应在充分了解岩体工程地质特征及工程设计要求的基础上，根据国家有关规范、规程和标准要求制订试验方案和编写试验大纲。试验大纲应对岩体力学试验项目、组数、试验点布置、试件数量、尺寸、制备要求及试验内容、要求、步骤和资料整理方法作出具体规定，以作为整个试验工作中贯彻执行的技术规程。

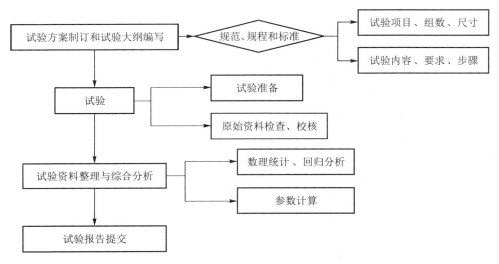

图 3-1　原位试验技术流程

（2）试验。

包括试验准备及原始资料检查、校核等项工作。这是原位岩体力学试验最繁重和重要的工作。整个试验应遵循试验大纲中规定的内容、要求和步骤逐项实施并取得最基本的原始数据和资料。

（3）试验资料整理与综合分析。

试验所取得的各种原始数据，需经数理统计、回归分析等方法进行处理，并且综合各方面数据（如经验数据、室内试验数据、经验估算数据及反算数据等）提出岩体力学计算参数的建议值，提交试验报告。

2）原位试验分类

根据测试方法的不同，原位试验可分为载荷试验（PLT）、十字板剪切试验（VST）、静力触探试验（CPT）、标准贯入试验（SPT）这几种基本的试验类型。

表 3-2　不同原位试验的用途划分

原位试验方法	试验用途
载荷试验（PLT）	测定承压板下应力，主要影响范围内岩土的承载力和变形特性
十字板剪切试验（VST）	测定土体的天然抗剪强度
静力触探试验（CPT）	检验人工填土的密实度及地基加固效果
标准贯入试验（SPT）	判定地基的承载能力、砂性土的抗液化能力

以上这些原位试验多数为测定地基承载力，只有十字板剪切试验是测定土体的天然抗剪强度，但是十字板剪切试验适用于测定较小区域的抗剪强度参数，且

更适合在均匀岩性的岩层中进行试验。对于土石混合体这种特殊性质的岩土工程，需要采用大型剪切原位试验来测定其综合物理力学参数。

目前，应用于土石混合体的原位试验主要有三种，分别为土石混合体推剪试验、土石混合体的压剪试验，以及自主研发的原位剪切试验。下面将详细介绍这几种试验方法。

3.2.3　土石混合体常规原位试验

土石混合体是由强度和几何结构都存在很大差异的块石与土体混杂在一起形成的特殊岩体，其强度有两面性。由于取样、加工都存在较大的难度，也缺少专用的试验手段来准确测定土石混合体的强度，因此，对于这一类工程体的研究一直进展缓慢。目前，对于土石混合体来说，在现场进行原位压剪试验是有效可行的方法。

1）土石混合体推剪试验

（1）试验方法。

推剪试验的基本原理是对土体施加推力，使试样达到极限强度后失去稳定而滑动。其基本破坏方式仍遵循莫尔-库伦准则，按照推剪过程中的剪切力-位移曲线分析土石混合体的强度特性。

（2）仪器设备。

试验所需要的主要设备为：推力用千斤顶或者油缸1个，侧面约束用千斤顶2个，液压泵2台，大量程百分表数块，以及传压板、钢板、钢卷尺等。试验装置结构图与现场安装照片分别如图3-2、图3-3所示。

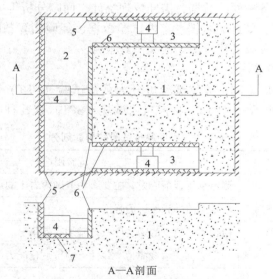

A—A剖面

1—推剪土体；2—水平推力槽；3—两侧断裂槽；4—千斤顶；5—支撑板；6—传力板；7—垫板

图3-2　推剪试验装置结构图

图 3-3 土石混合体推剪试验现场

（3）试验步骤。

①在选定的试验地点向下开挖 40 cm，同时平整表面，放线布置。

②开挖施加推力设备的安装坑，同时测定土体的天然容重、含水量等基本物理特性。

③在两侧开挖边槽，安装侧向约束用千斤顶。

④在试样上，沿推力方向打几个孔柱，灌进白色石灰，使之形成滑弧面。

⑤在试样的前部及两侧安装施加推力用的千斤顶和测试设备。

⑥待各种设备安装完毕后，记录各起始读数，开始分级施加水平推力，逐级施加载荷直至试样破坏，记录各级位移、压力数值。千斤顶加载速度控制在水平位移为 3 mm 左右，读数周期为位移 3 mm 读一次。一直加压到土体出现剪切面时，压力表上的读数达到最大值，继续加载，压力表的读数不仅不增加，反而下降，此时认为土体已经被推剪破坏。

⑦对土体的破坏形状、尺寸以及滑动面的位置进行现场测量与描绘。

（4）试验目的。

土石混合体的推剪试验可以直接得到推剪过程中土石混合体的应力-位移关系曲线、推剪作用在土石混合体中所形成的推剪面，而这些结果则揭示了土石混合体在受剪力作用下的变形破坏特性以及土石混合体的剪切强度特征。

①通过对比分析不同试验点推剪试验所得到的剪应力-位移曲线，可以了解在水平推剪过程中，土石混合体的应力屈服和塑性变形特征。

②得出土石混合体在试验过程中全应力-应变曲线，从而分析土石混合体在不同阶段的剪切强度和变性特征。

③通过对比不同试验点土石混合体岩性，可以得出土体和岩石之间的接触面对土石混合体的剪切强度的影响。

④通过对比不同试验点试样含石量和试样尺寸的大小，验证试样的尺寸效应。

⑤对比不同试验点的滑动破坏面，分析其与含石量、试样尺寸的关系。

⑥得出不同含石量情况下的推剪应力-位移曲线，从而得出含石量对土石混合体力学性质的影响。

2）土石混合体的压剪试验

（1）试验方法。

压剪试验是通过改变作用在试样上的法向载荷大小，对四面临空的试件进行直接剪切，通过剪应力-位移关系曲线分析土石混合体的变形破坏特性。

（2）仪器设备。

试验所需要的主要设备为：气囊1个（自制），法向载荷用千斤顶1个，侧面约束用千斤顶2个，测位移用大量程百分表2块，液压泵2台，以及传压板、钢板、钢卷尺等。其试验装置结构图与现场照片分别如图3-4、图3-5所示。

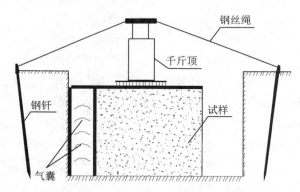

图3-4 土石混合体压剪试验装置结构图

图 3-5　土石混合体压剪试验现场

（3）试验步骤。

①在选定的试验场地首先将表层土挖掉约 40 cm，同时用环刀取土测定其容重。

②在预定深度处预留四面临空的试验用土石混合体作为试样。试样两侧正面预留空间。

③在试样两侧安装约束用压力系统。

④试样前部安装气囊，上部安装反力架，在试样前部钢板伸出的两翼部位安装百分表。

⑤首先施加法向载荷，待达到预定值后停止，然后施加水平推力记录各种压力表数据。

试验进程曲线如图 3-6 所示，随着剪切力的增大，岩体经历弹性、塑性变形，应力-应变曲线呈线性加速增长，随着岩体的变形和结构面的发展，剪应力在某个位置达到峰值，随后逐步下降。

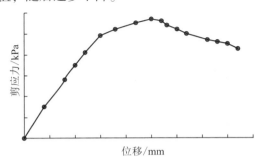

图 3-6　推剪试验进程曲线

（4）试验目的。

①通过对比分析不同试验点压剪试验所得到的剪应力–位移曲线，可以了解在压剪作用下，土石混合体的变形破坏特性以及剪切强度特征。

②根据试样的剪切面和裂隙分布状态可以分析试样发生破坏的原因。

3.2.4　土石混合体原位剪切改进试验

原位试验作为一种重要的岩土物理力学试验被广泛地应用到多种岩土工程中，通过试验获取岩土的物理强度参数，对方案设计和现场施工都能起到良好的作用。由于露天矿内排土场是由煤层以上的覆盖物被剥离后排弃而形成的，其密实程度不均匀，且同一层位由不同岩性的剥离物混合组成，结构较为复杂。在露天矿内排土场进行原位试验时，无法有效地实现垂向加载不同级别的载荷；同时由于内排土场结构松软，千斤顶在推压的过程中，两侧缺少支撑体，极易嵌入土体中，因此，有必要对现有的原位试验方案进行合理的改进，以提供一种适合于露天矿内排土场的原位试验装置。该装置可以准确地进行不同垂向载荷条件下的原位实现，并准确地测定剪切力和位移，为岩土性质分析提供试验基础数据。

（1）试验方法。

抗剪强度是露天矿排土场稳定性的重要基础参数，为了分析露天矿内排土场台阶的稳定性，在既有的排土平台上选取了三个测试点进行原位试验，以获取现有基底的抗剪强度等参数。

（2）试验仪器。

试验所需的主要设备为：千斤顶2个，锚杆，测位移用大量程百分表2块，液压泵2台，以及传压板、钢板、钢卷尺等。其试验装置结构图如图3-7、图3-8所示。

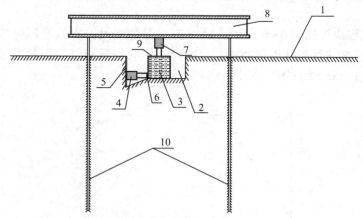

1—内排土场；2—矩形凹槽；3—岩体试样；4—千斤顶Ⅰ；5—承压钢板；
6—剪切钢板；7—千斤顶Ⅱ；8—工字钢梁；9—施压钢板；10—锚杆

图3-7　试验装置结构剖面图

图 3-8　试验装置结构平面图

（3）试验步骤。

①在露天矿内排土场上选定的试验地点开挖一个矩形凹槽中间形成独立的岩体试样。

②岩体试样四周均为自由空间，在其正面的凹槽内部安装有起剪切作用的千斤顶Ⅰ。

③千斤顶Ⅰ的推压头朝向岩体试样，底座固定在承压钢板上，推压头与剪切钢板接触，对岩体试样施加水平剪切力。

④岩体试样的顶面安装有沿垂向施压的千斤顶Ⅱ。

⑤千斤顶Ⅱ底部固定在工字钢梁上，推压头竖直向下，通过施压钢板对岩体施加垂向压力。

⑥所述工字钢梁制作在岩体试样上方 40 cm 的位置，两侧对称地固定在锚杆上。

⑦待各种设备安装完毕后，记录各起始读数，开始分级施加千斤顶推力，逐级施加载荷直至试样破坏并记录各级位移、压力数值。千斤顶加载速度控制在水平位移为 3 mm 左右，读数周期为位移 3 mm 读一次。当加压一直到土体出现剪切面时，压力表上的读数达到最大值，继续加载，压力表的读数不仅不增加，反而下降，此时认为土体已经被推剪破坏。

⑧对土体的破坏形状、尺寸以及滑动面的位置进行现场测量与描绘。

大型压剪试验类似于直剪试验，每组需要进行 3 个及以上的试验，整个试验过程的曲线如图 3-9 所示，每个岩样的破坏曲线走势相同。

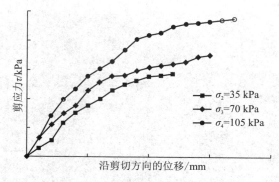

图 3-9　压剪试验曲线

（4）试验目的。

①获取露天矿排土场土石混合体的综合抗剪强度参数。

②揭示土石混合体的应力-应变规律及塑性变形特征。

改进的原位试验能够实现对 1 m³ 的大型试样进行直接剪切，能够满足土石混合体这种复杂的岩土工程结构，并确保试验结果的可靠性，同时，试样的尺寸能够避免试验的随机性和离散性造成的误差。改进的原位试验设备不需要上部放置重物施加法向荷载，试验过程中的安全性较好。本设备操作简单、方便，需要的人力、物力较少，能够适应排土场这种复杂地区的岩土试验，是一种较好的原位试验方案。

3.3　基于透明土的土石混合体相似模拟试验

目前，很多生产实际中的工程项目因其现场巨大、环境结构复杂使得在现场条件下不可能对其开展研究，而相似模型试验是一种可以形象直观地研究岩土体物理力学特性的方法，故可以通过在试验室条件下构建与生产实际相匹配的相似模型开展研究。在试验室进行相似模型试验可简化研究条件，观察试验现象与收集试验数据更准确，而且相较现场试验，成本大幅降低。所以，相似模型试验已在很多工程项目中得到广泛应用。

露天煤矿排土场体积巨大，是由采场采掘出的土、岩石堆积而成，想要在现场观测排土场在受压状态下其内部结构的发展过程和形态是不可能的。而且现场排土场是完全隐蔽体，不存在直接观测的研究条件。在试验室环境构建透明土-石混合体模型可实现对研究排土场受压状态内部结构的形态和发展过程。

在室内试验方面，高谦等通过室内试验得出土石混合体的渗透系数和孔隙比呈正比关系，与非均匀度近似线性相关；中国科学院王宇等通过 CT 试验得出开裂是土石混合体变形破坏的显著特征，土石混合体中土体与石块的弹性相互不匹配和两者之间发生差异滑动是变形破坏的原因，土石混合体的破坏可以分为三个等级：土石界面的开裂，土体裂纹的产生、扩展、互锁直到破坏，软弱岩石的破坏。薛亚东等从含水率对土石混合体力学性状的影响出发，配制了不同含水率的土石混合体试样并进行室内直剪试验，得出土石混合体的抗剪强度试样含水率的关系是缓慢减小到快速减小又变回缓慢减小的过程，而且含石率相同的试样其内摩擦角会随含水率的增加而降低；孙华飞等完善了 CT 扫描识别裂隙和损伤的方法，并编写程序完成了对单轴压缩状态下土石混合体变形破坏时内部变化的分析，建立了土石混合体破坏和损伤三维重构模型，土石混合体的破坏和含石率有关且对于破坏有临近含石率；舒志乐等利用分形理论对土石混合体的强度进行了研究，得出土石混合体和岩石的典型应力-应变曲线相似，粒度分维值对土石混合体的强度有很大的影响，最佳级配的土石混合体是一维分形的土石混合体；周博等将土石混合体视作理想二元混合物，应用均匀化理论探讨了土石混合体应力-应变关系，并与三轴试验所得数据进行比对，最终得出基于均匀化理论的函数关系式能够表示土石混合体的应力-应变关系；徐文杰等通过数字图像分析处理技术获取了土石混合体中土体、块石的形态和位置以及含量，并以此为依据制备了土石混合体试样进行试验，研究土石混合体含石量和力学性状之间的关系；欧阳振华等对土石混合体进行了大型剪切试验，以边界条件为柔性边界，确定了影响土石混合体抗剪强度的因素的强弱顺序为块石尺寸、含石量、块石排列；苑伟娜等在对土石混合体试样进行单轴加压的同时对试样进行 X 射线扫描，分析土石混合体内部变形破坏时土石的运移规律。研究发现，试样损伤在块石应力集中区开始，并逐步沿土石交界面扩展直至破坏；周中等通过室内正交试验，确定了颗粒粒径、孔隙比、颗粒形状对土石混合体渗透性的影响顺序；王宇等通过对分形几何理论在土石混合体细观特征的应用，研讨了单轴荷载作用下的土石混合体应力-应变特征与强度之间的关系。

本书模型试验的主要目的是重现露天煤矿排土场在受垂直压力过程中其内部土石混合体的运移过程。根据试验目的，试验需要采集模型在受到垂直压力过程中土体、石体以及混合体发展过程和形态。为了满足上述试验要求并获得理想的试验结果，在分析现有的相关研究成果的基础上经多次试验和改进，制作了模拟露天煤矿排土场的透明土-石混合体及配套的试验装置。

3.3.1　基于透明土的土石混合体室内试验

露天煤矿排土场体积巨大，而模型几何尺寸有限制，为了保证试验的精度，将几何相似比确定为 100。确定试验模具的内部尺寸为厚 0.15 m，横向宽 0.15 m，高 0.19 m。试验过程需使用数码相机拍摄照片，因此模具必须是透明的。可用作制作模具的材料有石英玻璃、有机玻璃和亚克力板。石英玻璃不易切割且易碎，有机玻璃虽然有很好的强度和韧性，但是不便于攻螺纹冲孔。亚克力板材兼具高强度、强韧性、易加工、可设计性好等优势，选择其作为加工试验模具的材料。在不影响透明度和拍摄效果的情况下，为保证模具的强度，将亚克力板材的厚度定为 20 mm。模具的结构尺寸如图 3-10 所示。

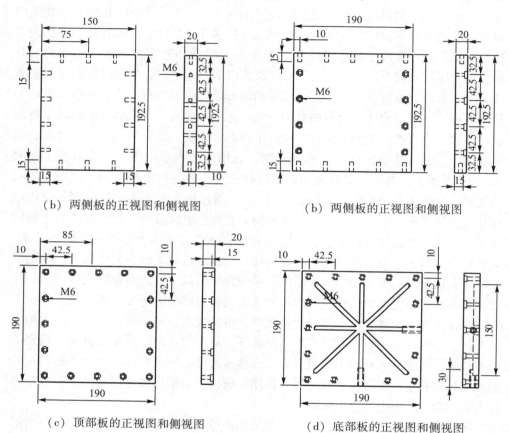

（b）两侧板的正视图和侧视图   （b）两侧板的正视图和侧视图

（c）顶部板的正视图和侧视图   （d）底部板的正视图和侧视图

图 3-10　模具尺寸设计图

模具在试验过程中需要承受持续的垂直压力作用，模具框架要承受很大的外胀作用，为了保证模具的完整性，需要额外制作外部框架。用 8 根 10 mm 的铝棒切割组成两组框架，防止模具发生外胀和破碎，外部框架如图 3-11 所示。

模型试验加载方式主要有油压、液压以及杠杆加载。本试验采用山东路达公路仪器制造有限公司制造的透明相似材料单轴压缩试验系统，如图 3-12 所示。该系统主要由加载框架结构和电机加载装置组成。其中加载框架结构由机箱、钢结构立柱、底部支撑架构成；电机加载装置由计算机、电机、传感器等部件组成。

图 3-11　外部框架

图 3-12　透明相似材料单轴压缩试验系统

透明相似材料单轴压缩试验系统可使用电脑控制电机加载，实现控制压力加载或者控制位移加载，并可实时监测压头位移和载荷数据，其加载平台呈方形，便于模型安装与拆卸，四周无遮挡便于照相测量系统的使用。

在模型观测面铺设散斑面，使用图像采集系统观测其受垂直压力后散斑的位置变化情况，分析土石混合体内部运移、变形规律。图像采集系统由一台佳能 EOS60D 数码相机、三脚架、2 个照明灯、1 台计算机组成，如图 3-13 所示。

图 3-13　图像采集系统

试验采集图像数据的分析和处理采用中国矿业大学深部岩土国家重点试验室研发的图像分析软件 PhotoInfor 和后处理软件 PostViewer。PhotoInfor 可对散点、裂隙、裂缝、剪切带等图像的变形进行分析，然后使用 PostViewer 对前述分析得出的变形结果进行图形绘制和统计分析。

露天煤矿排土场由采场破碎的土、石及两者混合物堆积而成，在砂土自重作用及矿用卡车、地震等外部载荷作用下进行重塑。影响重塑过程的因素有很多，如：土、石体的尺寸和含量，载荷大小等。本书重点研究露天煤矿排土场在重塑过程中土-石混合体的变形过程、形态特征，研究选择砂土颗粒粒径、含石数量、加载速率 3 个影响因素，试验方案设计见表 3-3 所示。

表 3-3　试验方案

试验标号	石英砂粒径	石块排列	加载速率 mm/min
1-1	细砂	3×3	3
1-2	混合砂	3×3	3
1-3	粗砂	3×3	3

续表 3-3

试验标号	石英砂粒径	石块排列	加载速率 mm/min
2-1	细砂	3×3	5
2-2	混合砂	3×3	5
2-3	粗砂	3×3	5
3-1	细砂	4×4	3
3-2	混合砂	4×4	3
3-3	粗砂	4×4	3
4-1	细砂	4×4	5
4-2	混合砂	4×4	5
4-3	粗砂	4×4	5

上表石英砂中的细砂粒径为 0.1~0.5 mm，粗砂粒径为 0.5~1.0 mm，混合砂是粗砂、细砂按质量比 1∶1 混合而成。石块排列 3×3 则为 9 块石块按 3×3 网格式排布，4×4 则为 16 块石块按 4×4 网格式排布。

试验步骤：

①将熔融石英砂与石块清洗干净并进行烘干，配置透明砂土。

②将试验模具组装，留后部面板以装入透明砂土，在上下部放入方形透水石，用勺子将透明砂土填入试验模具底部，装填至 1/4 处，将模具放入抽真空机抽取空气，防止混入空气影响透明度。

③抽气结束后继续装填透明砂土，达到模具体积一半时再次抽气，结束后铺设散斑面和石块，如图 3-14 所示。

图 3-14　模型散斑面和石块的铺设

④散斑面与石块铺设完成后继续将透明砂土浇筑到其上，直至填满整个模具。浇筑过程也是分层浇筑，每层浇筑完后均需进行抽气。

⑤封住后部面板，将模具立起，静置一段时间待其稳定后将其置于透明相似材料单轴压缩试验台上，并取下上部面板和透水石，将模型放置在试验台压板中心的正下方。

⑥架设数码相机，调整相机高度与模型中心位置齐平，并将相机置于模型前方，调节相机焦距至最佳成像距离，将两个照明灯放在相机左右两侧，点亮光源。

⑦将加压板下调，直至与模型相接触，计算机显示有力接触停止，将压力机调零；将相机照相频率设定为 2 帧/s。

⑧同时按动开关，使透明相似材料单轴压缩试验系统和数码相机处于相同时间工作，等待试验结束后停止拍照并卸载压力，清洗模具。

3.3.2 重塑过程土石混合体变形规律研究

在单轴载荷作用下、土石混合体的重塑过程中，土体在加压板施加的垂直压力作用下会沿一定方向移动，随着不断地施加垂直压力，土体之间产生正应力使得位移在周围土体间传播，形成一定的位移场。在熔融石英砂粒径、石块数量、加载速率等因素的作用下，土体的变形会有一定的差异。使用 PhotoInfor 和 Post-Viewer 对试验采集到的图像进行处理，对单轴载荷作用下土石混合体的重塑过程中土体运移情况进行分析。根据土体的运移情况，可将重塑过程中土体运移区域分为加压板影响区域和扩展区域，如图 3-15 所示。

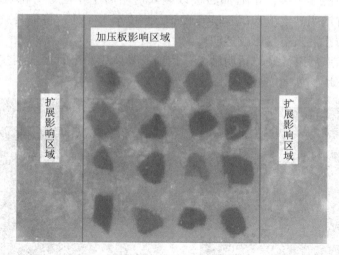

图 3-15　影响区域划分

在透明土石混合体重塑过程中，透明相似材料单轴压缩试验机的加压头是使土体和石块产生应力的动力来源。在持续的压头下降加压过程中，能够对周围土体产生直接作用。因为加压头的压力输出很大，所以在加压板影响区域范围内的透明土运移规律也较为复杂。选用粒径为 0.1~0.5 mm 和 0.5~1.0 mm 的熔融石英砂将它们按质量比 1∶1 混合，将由石块布置形状 4×4、加载速率 3 mm/min 的试样采集到的图像来分析透明土颗粒的运移形态。加压板影响区域透明土体位移云图如图 3-16 所示。

加压板影响
区域土体位
移云图

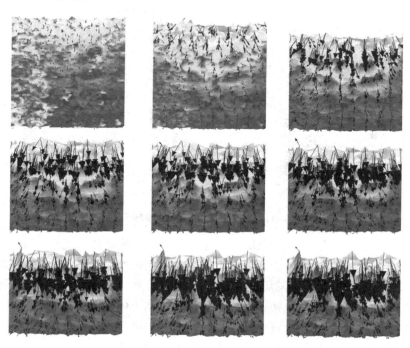

图 3-16　加压板影响区域土体位移云图

由图 3-16 可以看出，在加压板影响区域内，透明土体颗粒的位移方向呈两种趋势。在加压板的正下方区域，透明土土体颗粒受垂直向下的作用力，土体颗粒向正下方运移，与加压方向相同，因此在加压板正下方区域，透明土体颗粒是压缩变形，距离加压板越近的土体颗粒压缩量越大，反之越小，压缩量与距离加压板的距离呈反比。在加压板两侧，土体颗粒受来自加压板的侧向压力，挤压土体向侧下方或者水平方向移动，土体颗粒距离加压板的左右部边缘越近，其运移的方向与垂直方向的夹角越大。加压板影响区域内的土体颗粒运移规律是沿垂直方向逐级变化的。

在透明土石混合体受垂直压力重塑的过程中，加压板左右两侧的土体颗粒虽未直接受到加压板施加的压力，但因其周边土体颗粒的应力作用，将移动的范围增大至加压板左右两侧运移扩展区域。扩展区域土体位移云图如图 3-17 所示。

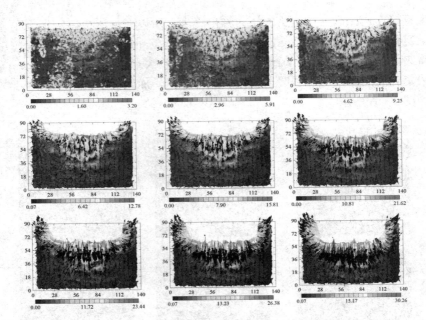

图 3-17　扩展影响区域土体位移云图

从图 3-17 可以看出，扩展影响区域的土体颗粒的运移分为两部分：一是加压板下方土体颗粒两侧区域受到集聚土体颗粒的推挤作用，使土体移动方向与垂直方向呈小于 90°夹角，并随距离加压板距离的增大而减小；二是加压板边缘两侧扩展影响区域的土体颗粒初期受到来自加压板和土体颗粒的水平推挤作用，沿水平方向移动，而后随加压板的深入承受斜向上的推挤作用和模具的约束力，使得土体斜向上方移动且随加压板的深入，角度逐渐增大。

根据试验分析得出土体颗粒的运移形态在加压板影响区域和扩展区域存在不同形态。通过试验图像分析，发现透明土石混合体的土体位移场为碗形包络位移场。

3.3.3　土石混合体重塑变形影响因素分析

1）土体颗粒粒径对土石混合体变形的影响

土体颗粒粒径是土石混合体重要的工程地质性质之一，同样也是影响其位移场变化的重要因素。在保证其他影响因素不变的前提下，通过控制土体颗粒粒径的大小来模拟不同土体颗粒粒径对土石混合体受垂直压力作用下重塑过程中位移场变化的影响。

石块按 4×4 方式排布，加载速率为 3 mm/min，熔融石英砂粒径分别为 0.1~0.5 mm、0.5~1.0 mm 以及 0.1~0.5 mm 和 0.5~1.0 mm 按质量比 1∶1 混合的条件下土石混合体最终形态位移场轮廓图如图 3-18 所示。

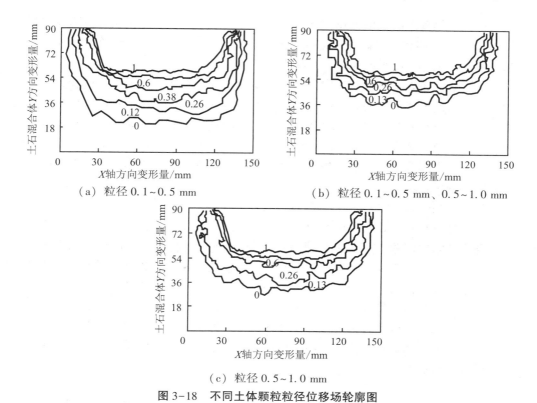

（a）粒径 0.1~0.5 mm

（b）粒径 0.1~0.5 mm、0.5~1.0 mm

（c）粒径 0.5~1.0 mm

图 3-18 不同土体颗粒粒径位移场轮廓图

由图得出，在相同的加压板下降深度条件下，土石混合体位移场在影响范围上存在一定的差异，变形模式并没有差异。在影响范围上，随着土体颗粒粒径的增大，土体颗粒在紧邻加压板的位置影响范围基本没有变化，均在距离模具上板面 30 mm 附近形成位移场，在加压板两侧区域土体颗粒形成的位移场影响范围基本没有变化，3 种不同的土体颗粒粒径下位移场的影响范围都在 X 方向上 0~30 mm 与 120~150 mm、Y 方向 63~90 mm，且其变化趋势稳定。但是在加压板的正下方，随着土体颗粒粒径的不断增大，加压板下方土石混合体位移场的影响范围在不断减小。

3 组不同土体颗粒粒径的土石混合体位移场都属于上文所说的碗形包络线位移场，在土体颗粒粒径为 0.1~0.5 mm 的土石混合体试样中，其位移场在 Y 方向上的最大影响范围是 18~90 mm；两种不同土体颗粒粒径混合而成的土石混合体试样中，位移场在 Y 方向上的最大影响范围是 27~90 mm；土体颗粒粒径为 0.5~1.0 mm 的土石混合体试样中，位移场在 Y 方向上最大影响范围是 36~90 mm。由此可见，在相同石块排布方式和加载速率条件下，位移场的影响范围存在很大差异，土体颗粒粒径为 0.5~1.0 mm 的试样土石混合体位移场的影响范围最小，具有随着土体颗粒粒径的减小其位移场范围逐渐增大的特点。

在相同位置上的土体颗粒速度沿 Y 方向上逐渐减小，土体颗粒峰值速度接近 3 mm/min，土体颗粒垂向速度都大于水平速度。随着土体颗粒粒径的增大，相同位置上的土体颗粒垂向速度逐渐减小。

在石块排布方式、加载速率条件相同的情况下，随着土体颗粒粒径的增大，受加压板匀速下降产生的土石混合体位移场影响范围减小。在土石混合体中，土体颗粒粒径较小时其有效应力也小，在相同垂向应力影响下易产生大规模的变形，从而形成大规模土石混合体位移场；相反若土体的颗粒粒径较大，则其有效应力也大，在同等垂向应力影响下不易产生变形，只能形成比小粒径土石混合体位移场小的位移场。

2）石块排布对土石混合体变形的影响

与土体颗粒粒径相比，土石混合体中石块的数量和排布方式也是影响土石混合体性质的重要因素，石块的数量和排布同样也是影响其位移场变化的重要因素。因此，在保证其他影响因素不变的前提下，控制石块的数量和排布方式来模拟其对土石混合体受垂直压力作用下重塑过程中位移场变化的影响。

采用土体颗粒粒径为 0.1~0.5 mm，加载速率为 5 mm/min，石块排布分别为 3×3 和 4×4 两种不同条件下的土石混合体试样，在垂直压力作用下对重塑过程中的土石混合体变形进行对比。两组石块排布方式不同的试样的土石混合体变形云图如图 3-19 所示。

不同石块排布试样位移云图

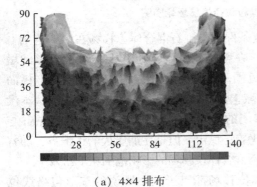
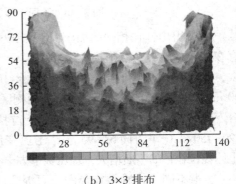

（a）4×4 排布　　　　　　　　　（b）3×3 排布

图 3-19　不同石块排布试样位移云图

由图 3-19 可知，在相同的加载速率和土体颗粒粒径条件下，土石混合体中石块的运移形态大致相同，但位移场的影响范围有一定差异，土石混合体位移场都属于碗形包络线位移场，不同石块排布条件下，土石混合体位移场轮廓图如图 3-20 所示。

由图 3-20 可知，在影响范围上，随着石块数量的增多，位移场在紧邻加压板的位置影响范围基本没有变化，两种石块排布均在距离模具上板面 30 mm 附近形成位移场，在加压板两侧区域土体颗粒形成的位移场影响范围存在一定差异，

4×4 排布试样要比 3×3 排布试样的影响范围小，但位移场的影响范围都集中在 X 方向上 0~30 mm 与 120~150 mm、Y 方向 63~90 mm。但是在加压板的正下方，随着石块排布的密集，加压板下方土石混合体位移场的影响范围在不断减小。

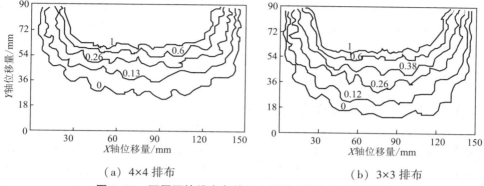

（a）4×4 排布　　　　　　　　　　　（b）3×3 排布

图 3-20　不同石块排布条件下土石混合体位移场轮廓图

两组不同石块排布的土石混合体位移场都属于上文所说的碗形包络线位移场，在按 4×4 排布的土石混合体试样中，位于加压板正下方的位移场在 Y 方向上的最大影响范围是 25~90 mm；按 3×3 排布的土石混合体试样中，位移场在 Y 方向上的最大影响范围是 9~90 mm。由此可见，在相同的土体颗粒粒径和加载速率条件下，位移场的影响范围存在很大差异，位移场范围具有随着石块数量和排布的密集程度减小而逐渐增大的特点。

3）加载速率对土石混合体变形的影响

选用土体颗粒粒径为 0.1~0.5 mm，石块排布为 4×4，加载速率分别为 3 mm/min 和 5 mm/min 的土石混合体试样，在垂直压力作用下对重塑过程中的土石混合体变形进行对比。两组不同加载速率的土石混合体最终形态位移场轮廓图如图 3-21 所示。

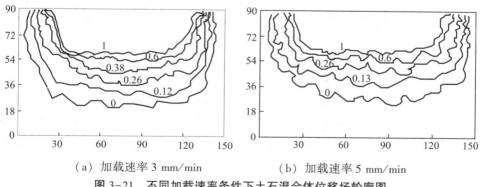

（a）加载速率 3 mm/min　　　　　　（b）加载速率 5 mm/min

图 3-21　不同加载速率条件下土石混合体位移场轮廓图

由图3-21可知，在相同的土体颗粒粒径和石块排布条件下，不同加载速率的土石混合体位移场轮廓形态大致相同，均在距离模具上板面30 mm附近形成位移场，在加压板两侧区域土体颗粒形成的位移场影响范围都在 X 方向上 0~30 mm与120~150 mm、Y 方向63~90 mm；位于加压板正下方的位移场在 Y 方向上的影响范围在18~90 mm。所以加载速率对土石混合体受垂直压力重塑产生的位移场影响较小。

3.4 重构体力学参数特征

3.4.1 土石混合体重构物理试验模型设计

目前，专门将露天矿排土场松散土石混合体作为对象进行的研究较少，对露天矿排土边坡稳定分析实际指导价值更小。而且目前缺少科学合理的试验方案，无法准确获取土石混合体固-液多场作用下重塑松散土石混合体物理力学参数，因此无法保证边坡稳定性、评价可靠性。土体重塑侧重含黏土的土石混合体重塑机理，而土石混合体的本构模型侧重于二元均匀介质无水无压时的本构关系。另外，露天矿排土场松散土石混合体中的大块也是影响边坡稳定的重要因素。

为了揭示在水、温度、堆载和运输设备动载荷作用下，松散土石混合体重塑-失稳机理，为露天矿排土场稳定性评价提供理论依据，本试验方案制定以下的具体研究内容：松散土石混合体在水、温度及三轴应力作用下重塑-失稳全过程中物理力学参数变化规律。具体揭示松散土石混合体在水、温度及三轴应力作用下重塑-失稳全过程中密度、孔隙度、渗透系数等物理性质的变化规律，以及松散土石混合体在水、温度及三轴应力作用下重塑-失稳全过程中内摩擦角、黏聚力、抗剪强度、泊松比以及残余强度等力学性质的变化规律，得出其最大重塑强度和残余强度；同时，揭示松散土石混合体重塑过程中裂隙闭合程度、声波在其中的传播特性以及失稳后剪切面分形特征。基于露天煤矿排土场堆积时间的差别，在现场进行大尺度原位试验，测定土石混合体黏聚力和内摩擦角，揭示剪切面的分形特征。

针对土石混合体的特殊性，本研究设计的土石混合体试验方案分为四个阶段，每个阶段的研究内容如下。

1）第一阶段：进行现场资料收集，确定试验室试验参数

根据露天煤矿开采程序、排弃顺序以及爆破效果，确定松散土石混合体组成成分和级配，制作试验岩体试件；根据堆载、运输设备动荷载的范围，确定试验室和现场原位试验加载载荷大小、循环顺序以及三轴压力大小。

2）第二阶段：松散土石混合体物理力学实验室试验

测定不同压密重构压力和时间下物料重塑压密物理性质（密度、级配）；测定不同压密重构压力和时间下的重塑密度力学特性（抗拉、抗压和抗剪的强度）；测定在不同密度、含水率下物料重塑的力学特性（抗拉、抗压和抗剪的强度）。

根据确定的三轴压力和露天煤矿排土场堆载特性，进行不同含水率、常温条件下三轴松散土石混合体物料的力学特性试验，绘制各自的应力-应变曲线，测定其内密度、内摩擦角、黏聚力，分析含水率对其物理力学性质的影响。

利用声波在岩体中的传播特性，测定不同压力下声波在松散土石混合体的速度，分析其裂隙闭合后的分布规律。

根据我国露天煤矿所处地区的温度情况，对不同含水率的松散土石混合体进行冷冻，绘制不同温度下的应力-应变曲线，测定其内密度、内摩擦角、黏聚力，确定其抗压强度、抗剪强度以及残余强度。

3）第三阶段：进行露天煤矿松散土石混合体大尺度现场原位试验

根据不同排土场位置，确定露天煤矿松散土石混合体现场试验的具体位置，现场制作 1 m×1 m×1 m 的岩体试样，进行声发射试验和 CT 扫描试验。

利用自制的现场大尺寸原位试验设备（见图 3-22），绘制不同温度下的应力-应变曲线（见图 3-23），测定其内密度、内摩擦角、黏聚力，确定其抗压强度、抗剪强度以及残余强度。

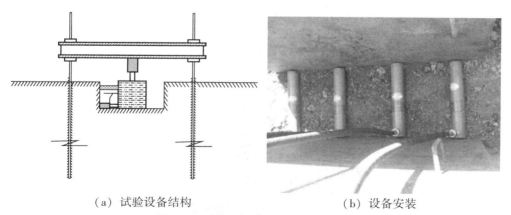

（a）试验设备结构　　　　　　　　　　（b）设备安装

图 3-22　露天矿排土场原位试验设备

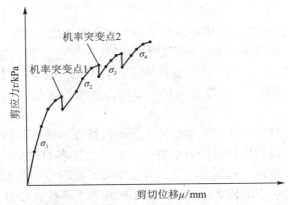

图 3-23　循环加载下土石混合体剪切位移与剪应力关系示意图

3.4.2　土石混合体重构之后的物理力学试验

按照设计的试验方案进行土石混合体物理力学强度试验，通过正交试验设计，测定土石混合体的力学强度、渗透性等关键参数，本研究按直剪试验、三轴试验、渗流试验进行独立研究，并揭示这些参数与主要影响因素之间的函数关系。

1）土石混合体重塑抗剪强度测试

抗剪强度是边坡稳定的决定性参数，其中黏聚力 C 和内摩擦角 φ 是抗剪强度的两个主要参数。黏聚力是岩土体颗粒之间的胶结方式和连接强度所提供的聚合力，内摩擦角则反映了岩土体颗粒之间的咬合、摩擦特性，二者的综合作用体现了岩土体抵抗剪切应力的能力。

对于土石混合体抗剪强度的测定，本研究采用便携式压力试验仪进行不同重构压力、时间条件下的试样制备，见图 3-24。整套设备包括液压系统、重构容腔、压力表等主要部件。将松散岩体装入重构容腔中，并进行适当搅拌，保证土石混合体在重构容腔中分布均匀，不会出现偏载的情况。

（a）液压系统

（b）重构容腔

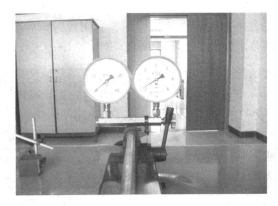

（c）压力表

图 3-24 土石混合体重构设备

土石混合体重构岩样共制备 2 组，第一组试样保持相同的重塑时间（240 min），重构压力分别设定为 0.125 MPa、0.25 MPa、0.375 MPa、0.50 MPa、0.70 MPa、0.90 MPa 和 1.0 MPa 等若干个压力级别，不同压力级别下制备的土石混合体岩样如图 3-25 所示。

（a）0.125 MPa　　（b）0.25 MPa　　（c）0.375 MPa　　（d）0.50 MPa

（e）0.70 MPa　　（f）0.90 MPa　　（g）1.0 MPa

图 3-25　土石混合体不同压力下的重构岩样

对制备的土石混合体重构岩样的抗剪强度采用直剪试验测定其黏聚力 C 和内摩擦角 φ，采用的直剪试验设备和加工的剪切样本如图 3-26 所示。

（a）土工直剪试验仪　　　　　　　（b）剪切试样加工

图 3-26　土石混合体重塑试样抗剪强度测定

除此之外，还进行了土石混合体重塑岩样的压剪试验，试验后的岩样及土石混合体重塑断面结构见图 3-27。

（a）压剪破坏岩样　　　（b）土石混合体重塑断面结构

图 3-27　土石混合体试验破坏样本结构

对 0.125 MPa 压力下的土石混合体重构岩样进行直剪试验，从重构岩样中制取 4 个剪切岩样，分别进行 50 kPa、100 kPa、150 kPa、200 kPa 四个垂向载荷下的直剪试验，所得得到的试验数据见表 3-4。

表 3-4　土石混合体重构岩样（0.125 MPa）直剪试验数据

序号	垂直压力 $\sigma=50$ kPa		垂直压力 $\sigma=100$ kPa		垂直压力 $\sigma=150$ kPa		垂直压力 $\sigma=200$ kPa	
	剪切位移 $/\times10^{-2}$ mm	剪应力 τ/kPa	剪切位移 $/\times10^{-2}$ mm	剪应力 τ/kPa	剪切位移 $/\times10^{-2}$ mm	剪应力 τ/kPa	剪切位移 $/\times10^{-2}$ mm	剪应力 τ/kPa
1	5	9.4	6	11.28	6	11.28	14	26.32
2	8	15.04	14	26.32	14	26.32	22	41.36
3	12	22.56	20	37.6	20	37.6	32	60.16
4	14	26.32	24	45.12	25	47	39	73.32
5	16	30.08	26	48.88	30	56.4	45	84.6
6	17	31.96	28	52.64	33	62.04	50	94
7	20	37.6	29	54.52	35	65.8	54	101.52
8	21	39.48	30	56.4	38	71.44	57	107.16
9	22	41.36	32	60.16	40	75.2	60	112.8
10	23	43.24	33	62.04	44	82.72	64	120.32
11			34	63.92	45	84.6	66	124.08
12			35	65.8	46	86.48	68	127.84
13			37	69.56	48	90.24	70	131.6
14			38	71.44	51	95.88	71	133.48
15			39	73.32	53	99.64	72	135.36
16			40	75.2	54	101.52	73	137.24
17			41	77.08	55	103.4	74	139.12
18			42	78.96	56	105.28	76	142.88
19			43	80.84	57	107.16	77	144.76
20					58	109.04	78	146.64
21					59	110.92	79	148.52
22					60	112.8	80	150.4
23					61	114.68	82	154.16

续表 3-4

序号	垂直压力 $\sigma = 50$ kPa		垂直压力 $\sigma = 100$ kPa		垂直压力 $\sigma = 150$ kPa		垂直压力 $\sigma = 200$ kPa	
	剪切位移 $/\times 10^{-2}$ mm	剪应力 τ/kPa	剪切位移 $/\times 10^{-2}$ mm	剪应力 τ/kPa	剪切位移 $/\times 10^{-2}$ mm	剪应力 τ/kPa	剪切位移 $/\times 10^{-2}$ mm	剪应力 τ/kPa
24							83	156.04
25							84	157.92
26							85	159.8

根据试验数据，绘制剪切试验数据，见图 3-28。

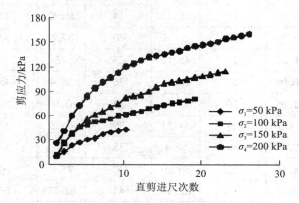

图 3-28　直剪试验数据曲线

综合 4 个不同垂向载荷条件下的直剪数据最大值，进行回归分析，得到该组岩样的黏聚力为 6.76 kPa，内摩擦角为 36.83°，如图 3-29 所示。

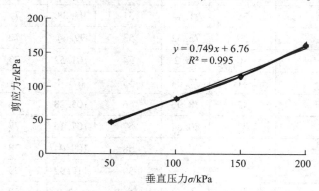

图 3-29　土石混合体重构岩样（0.125 MPa）直剪结果

按照相同的试验方法和研究思路，依次对 0.25 MPa、0.375 MPa、0.5 MPa、0.7 MPa、0.9 MPa 和 1 MPa 这 6 个压力级别下的土石混合体的重构岩样进行了直剪试验，其中 1 MPa 重构压力下的岩样的直剪试验数据和结果分别如表 3-5 和图 3-30 所示。

表 3-5　土石混合体重构岩样（1MPa）直剪试验数据

序号	垂直压力 $\sigma = 50$ kPa		垂直压力 $\sigma = 100$ kPa		垂直压力 $\sigma = 150$ kPa		垂直压力 $\sigma = 200$ kPa	
	剪切位移 $/\times 10^{-2}$ mm	剪应力 τ/kPa	剪切位移 $/\times 10^{-2}$ mm	剪应力 τ/kPa	剪切位移 $/\times 10^{-2}$ mm	剪应力 τ/kPa	剪切位移 $/\times 10^{-2}$ mm	剪应力 τ/kPa
1	15	28.2	8	15.04	15	28.2	15	28.2
2	28	52.64	18	33.84	28	52.64	25	47
3	35	65.8	28	52.64	41	77.08	44	82.72
4	41	77.08	39	73.32	52	97.76	57	107.16
5	46	86.48	46	86.48	65	122.2	70	131.6
6	51	95.88	54	101.52	74	139.12	82	154.16
7	56	105.28	62	116.56	81	152.28	95	178.6
8	59	110.92	70	131.6	87	163.56	107	201.16
9	61	114.68	78	146.64	92	172.96	118	221.84
10			85	159.8	94	176.72	126	236.88
11			90	169.2			131	246.28
12			95	178.6			132	248.16
13			100	188			120	225.6
14			102	191.76				
15			103	193.64				

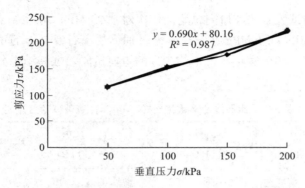

图 3-30　土石混合体重构岩样（1 MPa）直剪结果

所有的重构压力下的土石混合体的抗剪强度参数如表 3-6 所示。

表 3-6　不同重构压力条件下土石混合体重构岩样的抗剪强度参数

压力级别/MPa	0.2	0.3	0.4	0.5	0.7	0.9	1
黏聚力 C/kPa	3.76	19.74	43.24	54.52	67.21	75.2	80.16
内摩擦角/(°)	37.49	36.39	32.05	34.24	24.73	31.35	34.64

根据表 3-6 中土石混合体的抗剪强度参数进行回归分析，揭示重塑压力对于土石混合体抗剪强度参数的影响规律，回归分析结果见图 3-31。

从图 3-31 可以看出，土石混合体的黏聚力 C 与重塑压力呈现良好的函数关系，黏聚力 C 与重塑压力呈二次函数关系递增；而内摩擦角与重塑压力并没表现出明显的函数关系。

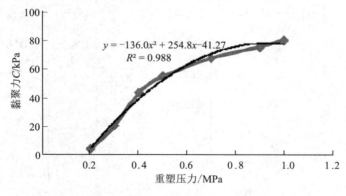

（a）黏聚力与重塑压力的耦合曲线

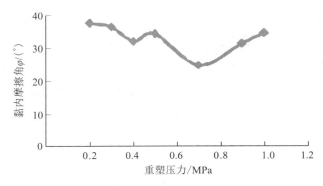

（b）内摩擦角与重塑压力的耦合曲线

图 3-31　抗剪强度参数与重塑压力的耦合关系曲线

　　土石混合体的强度除了与重构压力有关，还与重构时间的长度有关，因此，本研究制备了第 2 组重塑试验样本，保持相同重塑压力条件下制备 30 min、60 min、2 h、4 h、10 h 和 1 d 这几种时间长度下的重塑样本，对不同重塑时间的土石混合体样本进行直剪试验，测定其黏聚力和内摩擦角，并揭示重塑时间对于这两个关键参数的影响规律。

　　对重塑压力为 0.2 MPa、重塑时间为 60 min 的土石混合体进行直剪岩样的制备，并进行不同垂向载荷时的直剪试验，得到相应的直剪数据，如表 3-7 所示。通过回归分析得到该组岩样的黏聚力为 6.58 kPa，内摩擦角为 39.3°。直剪进程曲线和黏聚力、内摩擦角回归曲线如图 3-32 所示。

表 3-7　土石混合体重构岩样（60 min）直剪试验数据

序号	垂直压力 $\sigma = 50$ kPa		垂直压力 $\sigma = 100$ kPa		垂直压力 $\sigma = 150$ kPa		垂直压力 $\sigma = 200$ kPa	
	剪切位移 $/\times 10^{-2}$ mm	剪应力 τ/kPa	剪切位移 $/\times 10^{-2}$ mm	剪应力 τ/kPa	剪切位移 $/\times 10^{-2}$ mm	剪应力 τ/kPa	剪切位移 $/\times 10^{-2}$ mm	剪应力 τ/kPa
1	6	11.28	4	7.52	10	18.8	5	9.4
2	10	18.8	9	16.92	17	31.96	15	28.2
3	13	24.44	16	30.08	26	48.88	25	47
4	16	30.08	23	43.24	32	60.16	35	65.8
5	18	33.84	28	52.64	35	65.8	44	82.72
6	19	35.72	31	58.28	38	71.44	51	95.88
7	21	39.48	34	63.92	40	75.2	55	103.4

续表 3-7

序号	垂直压力 $\sigma = 50$ kPa		垂直压力 $\sigma = 100$ kPa		垂直压力 $\sigma = 150$ kPa		垂直压力 $\sigma = 200$ kPa	
	剪切位移 $/\times 10^{-2}$ mm	剪应力 τ/kPa	剪切位移 $/\times 10^{-2}$ mm	剪应力 τ/kPa	剪切位移 $/\times 10^{-2}$ mm	剪应力 τ/kPa	剪切位移 $/\times 10^{-2}$ mm	剪应力 τ/kPa
8	23	43.24	35	65.8	43	80.84	60	112.8
9	24	45.12	37	69.56	45	84.6	66	124.08
10	25	47	42	78.96	47	88.36	69	129.72
11			45	84.6	49	92.12	72	135.36
12			47	88.36	50	94	73	137.24
13			49	92.12	53	99.64	78	146.64
14			50	94	54	101.52	80	150.4
15					55	103.4	84	157.92
16					57	107.16	86	161.68
17					58	109.04	87	163.56
18					60	112.8	88	165.44
19					62	116.56	89	167.32
20					64	120.32	90	169.2
21							92	172.96
22							93	174.84

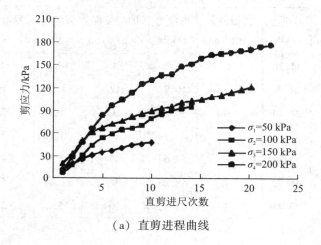

（a）直剪进程曲线

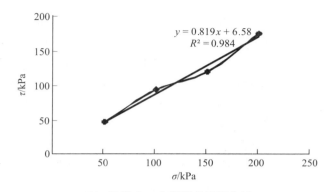

（b）黏聚力、内摩擦角回归曲线

图 3-32　土石混合体重构岩样直剪试验结果

对 0.2 MPa 和 0.3 MPa 下不同重构时间的土石混合体重构岩样的直剪试验数据进行汇总，见表 3-8。根据直剪试验获取的不同重塑时间条件下的黏聚力和内摩擦角进行回归分析，得到黏聚力随重塑时间增长近似呈对数规律递减，内摩擦角与重塑时间几乎没有相关性。

表 3-8　不同重构时间条件下土石混合体重构岩样的抗剪强度参数

时间长度 /min	0.2 MPa		0.3 MPa	
	黏聚力 C/kPa	内摩擦角 φ/(°)	黏聚力 C/kPa	内摩擦角 φ/(°)
30	7.52	38.43	40.89	35.04
60	6.58	39.34	35.72	37.08
120	8.46	41.1	34.78	33.79
240	4.7	36.11	36.66	37.22
600	5.5	39.33	35.72	35.97

综合以上分析，重塑压力和重塑时间对于土石混合体的重构强度具有不同的影响规律，重塑压力的增长造成土石混合体平均黏聚力呈二次函数规律增长，重塑时间增长造成土石混合体黏聚力呈指数规律递减，这些规律对于掌握露天矿排土场土石混合体的力学强度变化规律和准确评价排土场边坡稳定性具有重要价值。

2）土石混合体三轴剪切试验

松散土石混合体在排土场集中堆载之后，其受力状态较为复杂，除了垂向的压缩之外，还包括侧向的限制作用。为了还原真实的受力状态，本研究采用三轴剪切试验，模拟土石混合体在排土场真实的受力状态下所表现出的变形和破坏特征。

　　三轴剪切试验是试样在某一固定周围压力下逐渐增大轴向压力直至试样破坏的一种抗剪强度试验，该试验原理是以莫尔-库仑强度理论为依据而设计的三轴向加压的剪力试验。三轴剪切试验是测定土体抗剪强度的一种比较完善的室内试验方法。通常采用 3~4 个圆柱形试样分别在不同的周围压力下测得土的抗剪强度。本研究设定 0.2 MPa、0.5 MPa 和 1 MPa 三个级别的围压条件，在这些试验条件下，测定土石混合体的高度压缩变化规律如图 3-33 所示。

　　从图 3-33 可以直观地看出，土石混合体在三轴围压的作用下，其纵向应变的发展规律基本一致。沿着主应力方向，土石混合体的变形量先快后慢，这主要是因为松散土石混合体被压缩，其孔隙度逐渐减小，土体骨架能抗外部荷载的能力逐步提高，压缩变形的能力也因此变小。这一规律与上节中理论分析得到的土石混合体在外部载荷条件下的沉降规律一致。

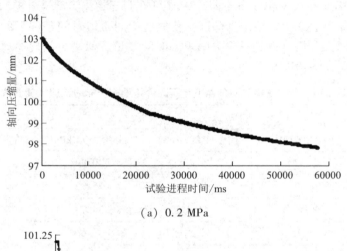

（a）0.2 MPa

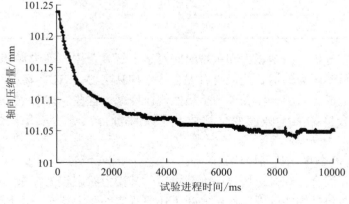

（b）0.5 MPa

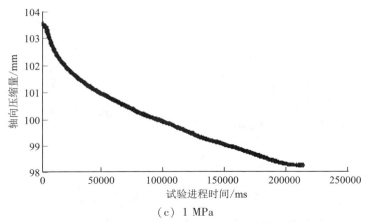

（c）1 MPa

图 3-33　土石混合体在不同围压下的固结压缩曲线

　　土石混合体岩样在三轴压缩条件下，其应力-应变规律受到土石混合体成分的影响，通过对不同压力级别下的应力-应变数据进行处理，得到不同压力下的应力-应变曲线，如图 3-34 所示。

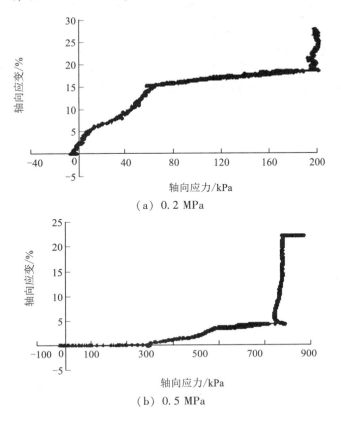

（a）0.2 MPa

（b）0.5 MPa

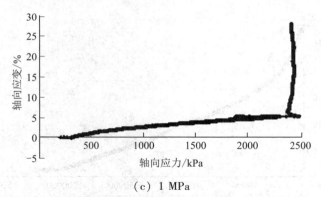

（c）1 MPa

图 3-34 不同压力下土石混合体的应力-应变曲线

从图 3-34 可以看出，在三轴剪切过程中，不同围压下土石混合体遵循相似的应力-应变规律，主要分为固结阶段和破坏阶段两个区间。在固结阶段，土石混合体的孔隙度被逐渐压密，孔隙水压力在外部压力的作用下逐渐损失，土体骨架逐渐提供有效支撑力来抵抗三轴剪切的固结压力，孔隙水压力消散和土体骨架破坏过程中的应力-应变规律基本遵循线性规律发展。当轴向载荷超过土体骨架的强度，则进入了三轴剪切破坏阶段，最后破坏发展至稳定状态。

土石混合体因块石的加入，改变了均质土体的三轴剪切应力-应变规律，相对于均质土体来说，其力学强度有不同程度的提高，这表明排土场土石混合体集中堆载对于综合力学强度和边坡稳定性也具有较为明显的影响。

第4章

典型土石混合体渗透特性

4.1 渗流基本理论

1) 达西（Darcy）渗流定律

达西用非黏性介质进行了大量的试验研究，得出单位时间通过单位面积的渗水量与上、下水头差值成正比，与渗流路径成反比，即

$$Q = KA \frac{h_1 - h_2}{L} \tag{4-1}$$

$$V = Q/A \tag{4-2}$$

$$J = \frac{h_1 - h_2}{L} \tag{4-3}$$

将式（4-2）、式（4-3）代入式（4-1），得

$$V = KJ \tag{4-4}$$

式中　Q——单位时间通过面积 A 的渗流量，cm^3；

　　　A——透水断面面积，cm^2；

　　　h_1、h_2——上、下水头，cm；

　　　L——渗流路径长度，cm；

　　　V——渗流平均流速，cm/s；

　　　J——水力坡降，表示单位长度渗流路径的平均水头损失；

　　　K——渗透系数，即多孔介质的渗透能力，cm/s。

式（4-1）或式（4-4）均为达西渗流定律，许多学者基于达西定律进行了量纲分析，并建立了毛细管模型、水力半径模型、统计模型等，达西首次将水在土体中的流度、水力坡降和土的性质三者联系起来，把水的流速与渗流势能建立关系，创立了渗流水流的本构方程。

达西定律是通过对非黏性土的试验，总结归纳出渗流平均流速与水力坡降的线性关系，可以说是一种经验公式。鉴于自然界土体复杂性，达西定律并不能完

全适用任何土体，针对这一问题，许多学者对此进行了研究，分别从颗粒粒径、水流形态、雷诺数 Re 这三个方面提出了适用于达西定律的土体平均粒径范围、水流临界流速范围和临界雷诺数。大量试验研究表明，自然界中绝大多数土体的渗流特征为近似线性特征，而达西定律就是基于线性渗流的本构关系，因此许多学者还是通过达西定律建立力学模型来研究渗流问题。

2）非线性渗流基本理论

（1）高速非线性渗流理论。

当流体的速度较大时，渗流会出现高速非线性现象，基于线性定义的达西定律已不再适用。目前应用最广泛的多孔介质非达西渗流模型主要有 Forchheimer 模型和 Barree-Conway 模型两种。Forchheimer 模型是在试验基础上总结的经验模型，在描述多孔介质中的非达西渗流特征时，恒定的 Forchheimer 因子的假设不能完全准确地描述液体在介质中渗流的非线性特征。而 Barree-Conway 模型具有更强的普遍适用性，有效克服了 Forchheimer 模型的使用局限性。Barree-Conway 模型如下：

$$\frac{\partial P}{\partial h} = \frac{\mu v}{k\left[k_{mr} + \dfrac{1-k_{mr}}{1+\rho\,|v|/\,(\mu\tau)}\right]} \tag{4-5}$$

式中　P——渗透压力，MPa；

L——试样高度，mm；

k——渗透率，μm^2；

k_{mr}——最小渗透比率；

ρ——流体的密度，g/cm^3；

v——渗流速度，mm/s；

μ——流体的动力黏度系数，Pa·s；

τ——与多孔介质孔隙结构有关的量，常数。

其中，最小渗透比率 k_{mr} 的计算方法为

$$k_{mr} = \frac{k_{min}}{k} \tag{4-6}$$

式中　k_{min}——多孔介质中的最小渗透率。

对于式（4-5），当 $k_{mr}=0$ 时，Barree-Conway 模型就变成 Forchheimer 模型；当 $k_{mr}=0$、$\tau \rightarrow \infty$ 时，Barree-Conway 模型就为达西模型。可通过对试验数据的非线性拟合得到 k_{mr} 和 τ。

（2）低速非线性渗流理论。

低速非线性渗流是研究在渗透能力差的介质中从开始施加渗透压力到形成稳

定渗流的过程。

在低速非线性渗流影响因素中，最主要的是流体与介质的性质，以下总结了国内外学者通过大量渗透试验研究得到的影响因素：

①介质性质的影响，介质内部孔隙度、孔隙结构及孔隙分布对渗流速度的影响；

②流体本身的流变性质影响；

③流体运动时，介质颗粒与流体的相互作用影响；

④非牛顿流体的黏滞性影响；

⑤实际渗流的多种耦合作用影响。

本书所研究的具有一定压实度的土石混合体其实是一种渗透性能较差的介质，土石混合体渗透特征的试验研究，可通过总结其渗流速度随渗透压力的变化规律来确定是线性渗流还是非线性渗流。

4.2　影响渗透特性的因素

4.2.1　分级加载固结试验

制作试样的过程也是模拟排土场堆积土石体不断被压实的过程，制样过程中，黏土和砂岩的混合料在逐级递加的固结压力下，固结沉降，试样孔隙比减小。试验方案确定试样直径为 50 mm，所以选用直径为 50 mm 的固结模具。通过计算露天煤矿排土场台阶土石混合料的压实度，经换算设定最大固结压力为 800 kPa，但是为了控制试样的高度能在固结后达到 100 mm 的制样要求，需要进行多次的预试验，最终得出当试样总质量为 460 g 时，试样高度的误差不超过 5% 的结论。

为了减小试验误差并反映一般规律，每个变量制备 5 个黏土-砂岩土石混合体试样来进行渗透试验，根据渗透试验的需求，参照表 4-1 和表 4-2 中对试样配比和含水率的设定，分别制订不同含石量和只具有一个粒度分维值的制样计划表，见表 4-1 和表 4-2。

表 4-1　不同含石量制样计划表

含石量/%	试样尺寸/mm	初始含水率/%	黏土质量/g	砂岩质量/g	水质量/g	总质量/g	数量
30	φ50×100	13	322	138	59.8	460	5
40	φ50×100	13	276	184	59.8	460	5
50	φ50×100	13	230	230	59.8	460	5
60	φ50×100	13	184	276	59.8	460	5
合计							20

表 4-2　不同分维值制样计划表

分维值	试样尺寸 /mm	初始含水率 %	黏土质量 /g	砂岩质量 /g	水质量 /g	总质量 /g	数量
2.75	φ50×100	13	322	138	59.8	460	5
2.80	φ50×100	13	276	184	59.8	460	5
2.83	φ50×100	13	230	230	59.8	460	5
2.86	φ50×100	13	184	276	59.8	460	5
合计							20

4.2.2　固结设备

利用 WG 型单杠杆固结仪制作黏土-砂岩混合体试样，具体仪器如下。

（1）WG 型单杠杆固结仪。本试验采用的南京土壤仪器厂制造的高压固结仪（见图 4-1），工作原理为：砝码加到固结仪托盘上，利用杠杆原理，通过力的传递作用，把固结压力由固结器顶盖传递到试样上，施加固结压力并完成固结。

图 4-1　单杠杆高压固结仪

（2）固结器。固结器由包裹试样的两半对称模具和加强环组成，试样与模具紧密接触，本试验选用的模具内壁是直径为 50 mm、高为大于 100 mm 的圆柱，所以可制作规程要求的 50 mm×100 mm 的圆柱形试样（见图 4-2）。

（a）组装前　　　　　　　　　　（b）组装后

图 4-2　固结器

4.2.3　土石混合体三轴渗透试验

由于地表降水和地下水的扰动作用，露天煤矿排土场堆积的土石混合体接近饱和且含有的大量水分不能及时挥发和渗入地下，易导致排土场边坡抵抗滑坡能力减弱，从而引起边坡的失稳破坏。设计三轴渗透试验来模拟土石混合体吸水饱和的状态，从而研究在这种状态下影响其渗流特征的因素。

1）试验目的

探讨不同含石量和不同分维值级配下对重塑黏土-砂岩土石混合体水力学参数的影响规律，通过对重塑试样在不同渗透压力条件下进行三轴渗透试验，得到 4 个含石量（30%、40%、50%、60%）和 4 个分维值（2.75、2.80、2.83、2.86）的重塑土石混合体主应力差-轴向应变关系曲线，并通过画图求解计算，测定重塑试样的黏聚力、内摩擦角及二者随含石量变化的关系曲线等，并分析含石量和分形维数对重塑黏土-砂岩土石混合体的渗透性影响的内在规律。

2）试验方案

采用 GDS 渗透模块进行渗透试验，在试验的过程中，保持固结压力不变，即施加一定的围压和轴压，并保持恒定，设定不同的常水头压力差进行试样的渗透试验，直接测定渗透系数。

对本试验的试验条件作如下规定：

（1）渗透压力。基于 GDS 三轴试验系统的渗透模块，设置不同的渗透压力，为了保证试样尽可能不受围压和轴压对其强度造成的影响，分别设定试验渗透压为 100 kPa、150 kPa、200 kPa、250 kPa、300 kPa。在试验过程中，保证每增加一级渗透压力时,试样放置 2 h 并等到渗流稳定后开始记录试验数据,目的是消除渗透压力增加的初始阶段带来的影响。因渗透过程中的渗透截面面积和路径长度均不变,因此渗流速度与渗透流量成正比,水力坡降与渗透压力成正比。所以可用渗流速度与渗透压力的关系表来表征黏土-砂岩混合体的渗透特性。

（2）含石量。本书所说的含石量均是干燥砂岩质量占干燥砂岩和干燥黏土总质量的百分比,一共设置 4 个含石量,分别为 30%、40%、50%、60%。

（3）分维值。本书设置 4 个只具一个粒度分维值的最优级配试样,分维值为 2.75、2.80、2.83、2.86。

3）试验仪器

由于试验制作试样压实度较高,渗透系数较小,所以对测量设备的精度要求较高。基于上述问题,本试验基于 GDS 全自动土工试验系统进行三轴渗透试验,选用 GDS 三轴仪作为主要试验仪器,使用该仪器的优点是其功能强大,测量数据精度高,通过系统自带软件可以实时记录试验数据,并通过各控制器的体积变化曲线可直观看出试验进行的状态,得出的试验报告有权威性。

GDS 中高压全自动三轴试验机由压力室、压力传感控制系统和软件系统三部分组成（见图 4-3）,软件系统（GDSLAB）为试验机的"大脑",可以设定不同土工试验参数并通过图像实时反馈试验过程中出现的问题,保证试验高效进行。软件系统是由多个模块组成的,根据试验需求可以对软件模块进行购买,软件系统的核心模块为 Kernel 模块,本试验为三轴渗透试验,所以需购买 GDS 软件模块中的渗透模块和普通三轴模块。

 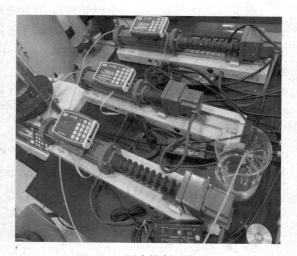

（a）压力架和压力室　　　　　　　　　　（b）压力控制系统

 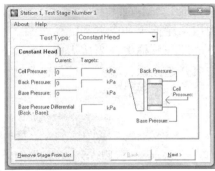

（c）计算机控制系统　　　　　　　　（d）渗透模块

图 4-3　GDS 全自动土工试验系统组成

GDS 压力控制系统是一个由微处理器控制的液压泵，比常规土力学试验压力源和体变装置的精度高。该仪器可作为一个恒定压力源单独工作，如汞柱、压缩空气、水泵、油泵等，又能作为体变指示仪，分辨率达到 1 mm³。该仪器可通过自带控制键盘编程，并按照同速率和循环加载压力或时间线性变化控制体积变化。因其可实现定流速或定水头，正是本书渗透试验的理想仪器。

通常在 GDS 压力控制系统的压力腔中加入适量无气水，通过步进马达推动活塞给无气水加压产生位移。压力传感器控制压力，微处理器控制算法，从而使控制器移动到目标体积变化或寻找到目标压力。

4）试验步骤

具体操作步骤如下：

（1）将试样放入三轴仪饱和模具中，如图 4-4 所示，将滤纸和透水石分别放置于式样的上下端，然后拧紧每个拉杆的螺母进行固定，保证模具的稳定。

图 4-4　三轴仪饱和模具

（2）把三轴仪饱和模具放入有机玻璃缸中，为了提高密闭性，在密封前将润滑油均匀涂抹于真空缸和缸盖之间。将抽真空泵与有机玻璃里缸连通，接通抽真空泵电源开始抽气，当压力表读数接近 $1.013\ 25\times10^5$ Pa 时，维持此状态 2 h。抽气结束开始注水，直到三轴仪饱和模具完全侵入水中，停止注水，维持此状态 48 h，如图 4-5 所示。

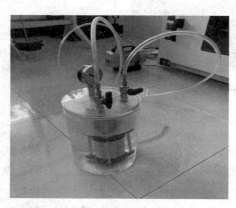

图 4-5　用抽真空泵对试样抽气饱和

（3）打开真空缸盖，小心拆开三轴饱和仪模具并取出试样，并在试样外表面等距离贴上 6 条长小于试样高度、宽 1 cm 的滤纸条，保证滤纸条不会接触到试样的上下表面，目的是加快试样内水分的流动，从而加快试样的饱和速度，提高试验效率，如图 4-6 所示。

图 4-6　在试样外壁均匀贴滤纸条

（4）将橡皮膜套在套筒上（保证上下端留出高度相等），将膜与套筒内壁间的气体抽出使橡皮膜平整，把贴有滤纸条的试样放入套筒内并让橡皮膜包裹住试样，取出试样。将套膜的试样置于压力架底座上并盖上试样帽，保证试样底部和顶部的透水石紧贴底座和试样帽，将橡皮膜分别套在底座和试样帽上，并用橡皮筋扎紧，如图 4-7 所示。

图 4-7　将试样固定于加压基座

（5）将压力室底座的圆形橡胶圈撬开并均匀涂抹上凡士林，缓慢拿起压力室玻璃罩套在支架上，注意不要触碰上方的传感器，旋转压力室玻璃罩，当螺杆和螺母槽准确对位后，旋转固定螺杆，由于压力室是由 6 个固定螺杆进行固定的，所以同时旋转位于对角位的固定螺杆，目的是使压力室在固定过程中受力均匀，以保证压力室处于密闭状态。注水前将孔压阀门、围压阀门和反压阀门拧紧，防止水的外流，拧开玻璃罩上部的通气孔使腔内气压与外界气压保持一致。接通电源，开始注水。当压力腔内水位接近通气孔时，调节进水阀控制流速，待有水流出时，立即拧紧通气孔螺丝帽并关闭进水阀。关闭抽水泵电源，完成注水，如图 4-8 所示。

图 4-8　安装压力室

（6）设定试验参数。

①注水完成后，将压力室的孔压阀、围压阀和反压阀与压力传感控制器连通，打开电子计算机。升高压力室底座高度，并同时监测荷重传感器探头位置和轴向压力的读数，当探头接近接触试样帽凹槽时，调低底座升高速率为 0.1 mm/min，当轴向压力读数在 0.05 kN 左右时，停止升高。

②进入 GDSLAB 中的渗流模块，设定试验参数。将 Cell Pressure 设为 300 kPa，将 Back Pressure 和 Base Pressure 设为预设值，从而分别对不同含石量和不同分维值级配试样进行渗透压力为 100 kPa、150 kPa、200 kPa、250 kPa、300 kPa 的变水头渗透试验。

③待上下水头流量变化曲线稳定后即上水头进水速度与下水头出水速度相等时，说明在试样中已形成稳定渗流，针对高固结压力的黏土-砂岩混合体试样，开始渗流到稳定需要 12 h 以上。

考虑到试验结果的离散性，每组试验进行 3 次，结果取平均值。

5）试验整理

试验结束后，降低底座，将压力室内的围压和轴压卸载，为了避免卸载玻璃罩时损坏传感器，多降低一些底座高度。排水时先拧开通气孔螺母，再打开进水阀将水完全排出。卸下玻璃罩，取出试样，用清水将压力室底座冲洗干净，并将 GDS 三轴仪关闭，将三轴渗透试验文件导出至 U 盘，为论文的试验数据处理分析做准备，关闭电子计算机，完成试验。

4.2.4 试验结果分析

本试验制作的土石混合体试样的固结压力为 800 kPa，经过一段时间的重塑后具有较高的压实度，达到渗流稳定后的渗流速度较小，属于渗透性能较差的介质。基于 GDS 三轴试验系统，通过改变渗透压力来横向对比不同含石量和不同粒度分维值级配对其渗透性能的影响，再通过纵向对比，分析良好级配和由分形理论确定的最优级配土石混合体试样渗流稳定性的差别，并得出粒径级配对土石混合体渗透性能的影响。

4.3 典型土石混合体的渗透特性

土石混合体为典型的多介质与多孔介质，流体在其孔隙中流动的过程即为渗流过程，为了模拟排土场的降雨入渗的工况，本试验选择水为流体介质。可对渗透性造成影响的因素很多，工程实际中也会发生许多非线性渗流现象，所以通过试验首先应确定制得的试样渗流特征是线性渗流还是非线性渗流。

为了具体说明黏土-砂岩混合体试样的渗流特征，分别对不同含石量的黏土-砂岩混合体试样，渗透压力分别为 100 kPa、150 kPa、200 kPa 的几组试验在试验过程中渗流稳定后的渗流速度与时间之间的变化进行数据整理，发现含石量30%、40%、50%试样的渗流速度在不同渗透压力下随时间变化基本保持稳定，而含石量60%试样的渗流速度随时间变化有波动现象，其关系曲线如图 4-9所示。

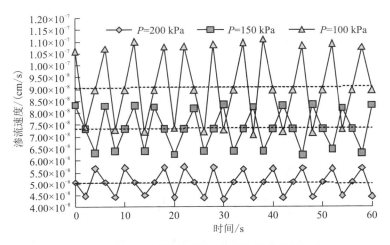

图 4-9　黏土-砂岩混合体试样渗流速度变化曲线

由图 4-9 中可以看出，在渗流稳定之后，含石量 60% 黏土-砂岩混合体试样的渗流速度随时间的变化呈波动变化，以渗流稳定之后的平均速度为基准在一定范围内波动。在低渗透压力时，试样的渗流速度随时间的波动幅度均较大，随着渗透压力的增大，试样的渗流速度随时间波动幅度均有不同程度的减小，且渗透压力越大，渗流速度随时间的波动幅度越小。

低含石量（含石量不高于 40%）试样的主体为黏土，高含石量（含石量高于 50%）试样的主体为砂岩。黏土和砂岩对试样渗透特征的影响各不相同，有必要对含石量这一影响因素进行探究。

现有研究结果表明，水在非均质多孔介质的流动过程中，表现出显著的非线性变化特征，这种非线性特征一般用渗流速度与渗透压力的关系来表示，当渗流速度与渗透压力关系为线性时，表示渗流遵循达西定律；当渗流速度与渗透压力关系为曲线时，表示渗流具有非线性特征。

通过对不同含石量的黏土-砂岩混合体试样在不同渗透压力下的渗透试验，得到了不同含石量下试样的渗流速度与渗透压力的关系，见表 4-3~表 4-6。渗流速度随渗透压力的变化曲线如图 4-10~图 4-13 所示。

表 4-3　含石量 30% 试样的渗流速度与渗透压力的关系

渗透压力/kPa	100	150	200	250	300
渗流速度/(cm/s)	3.83×10^{-8}	3.66×10^{-8}	3.25×10^{-8}	2.34×10^{-8}	1.28×10^{-8}

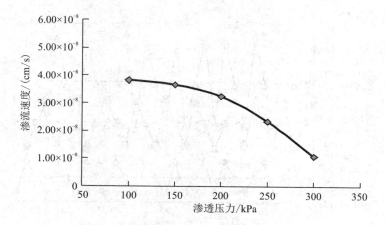

图 4-10　含石量 30% 试样的渗流速度随渗透压力的变化曲线

表 4-4　含石量 40% 试样的渗流速度与渗透压力的关系

渗透压力/kPa	100	150	200	250	300
渗流速度/(cm/s)	5.66×10^{-8}	5.32×10^{-8}	4.61×10^{-8}	3.52×10^{-8}	1.86×10^{-8}

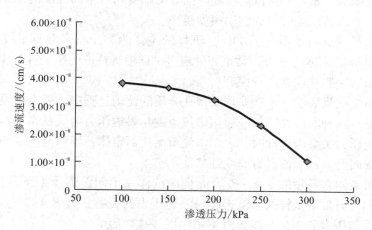

图 4-11　含石量 40% 试样的渗流速度随渗透压力的变化曲线

表 4-5 含石量 50%试样的渗流速度与渗透压力的关系

渗透压力/kPa	100	150	200	250	300
渗流速度/(cm/s)	8.25×10^{-8}	7.73×10^{-8}	6.52×10^{-8}	5.05×10^{-8}	6.18×10^{-8}

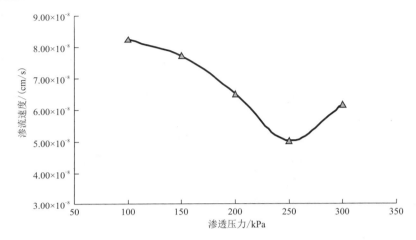

图 4-12 含石量 50%试样的渗流速度随渗透压力的变化曲线

表 4-6 含石量 60%试样的渗流速度与渗透压力的关系

渗透压力/kPa	100	150	200	250	300
渗流速度/(cm/s)	1.11×10^{-7}	1.03×10^{-7}	8.98×10^{-8}	9.8×10^{-8}	1.35×10^{-7}

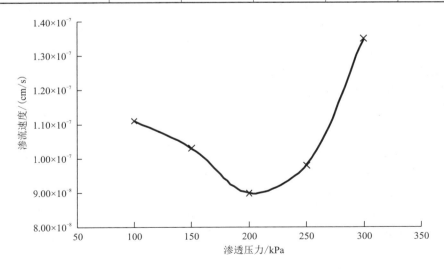

图 4-13 含石量 60%试样的渗流速度随渗透压力的变化曲线

从图 4-10~图 4-13 中可以看出：

（1）含石量 30% 的黏土-砂岩混合体试样的渗流速度随渗透压力的增大有逐渐减小的趋势，并且曲线的斜率逐渐减小。

（2）含石量 40% 的黏土-砂岩混合体试样的渗流速度随渗透压力的增大有逐渐减小的趋势，并且曲线的斜率逐渐减小，但曲线的整体曲率比含石量 30% 的试样略有增大。

（3）含石量 50% 的黏土-砂岩混合体试样在渗透压力由 100 kPa 增大到 250 kPa 的区间内，渗流速度随渗透压力的增大而减小，曲线的整体曲率比含石量 40% 的试样略有增大；当渗透压力加大到 300 kPa 时，渗流速度增加，总体呈先减后增的趋势。

（4）含石量 60% 的黏土-砂岩混合体试样在渗透压力由 100 kPa 增大到 200 kPa 的区间内，渗流速度随渗透压力的增大而减小，曲线的整体曲率比含石量 50% 的试样略有增大；当渗透压力加大到 250 kPa 时，渗流速度增加，渗透压力加大到 300 kPa 时，渗流速度增加较为明显。

黏土-砂岩混合体属于典型的非均质多孔介质，其组成结构复杂，黏土-砂岩混合体在渗流过程中表现出显著的非线性特征，产生这一特征的原因有很多，一般认为，黏土-砂岩混合体颗粒之间的孔隙流动阻力以及黏土和砂岩的性质是其中重要的影响因素，流体的孔隙流动阻力越大，渗流的非线性越强。在黏土-砂岩混合体渗流过程中，渗透压力是影响孔隙流动阻力的重要因素，渗透压力越大，其孔隙流动阻力越大，从而导致水在黏土-砂岩混合体中的渗透能力与渗透压力之间存在显著的非线性变化关系。

含石量 30%、含石量 40% 的黏土-砂岩混合体试样的渗流速度随渗透压力增大呈减小趋势和含石量 50%、含石量 60% 的黏土-砂岩混合体试样在试验前期呈减小趋势的现象，如图 4-14（a）所示。由于是向下的渗透试验，所以这种现象可以解释为黏土-砂岩混合体在逐渐增加的渗透压力条件下，位于渗流路径上部的试样中的细料（黏土和小粒径砂岩）在水的渗流力作用和水与细料的表面作用下，在黏土-砂岩混合体内部的孔隙通道产生运动迁移现象，并迁移到渗流路径下部的孔隙通道中，造成下部孔隙通道的阻塞，如图 4-14（b）所示。由于试验的渗透压力逐级增加，在低渗透压力阶段，渗流力不能改变试样内部的粗料结构，即不能对其内部的主要骨架结构进行改变，只是黏土和小粒径砂岩的移动，细料移动后，改变黏土-砂岩混合体内部局部细观结构，试样上部的细料流失导致其孔隙比增加；而试样下部孔隙得到上部细料的填充导致其孔隙比减小，所以渗流速度随渗透压力的增大，变化曲线总体上表现为下降的趋势。

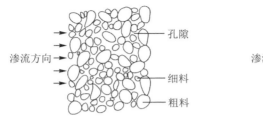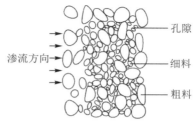

（a）渗流初始阶段   （b）渗流进行阶段

图4-14 渗流过程中的细料迁移现象

含石量50%和含石量60%的黏土-砂岩混合体试样随着渗透压力的逐步提高，出现了渗流速度先减后增的趋势，并且含石量60%的试样在渗透压力为250 kPa时，渗流速度就开始有增大趋势，含石量50%的试样是在渗透压力为300 kPa时，渗流速度开始增大。这是由于试样中的含石量增加，细料含量减少，试样的密实度降低，随着渗透压力的增大，出现了渗透破坏现象。但是被橡皮膜包裹的试样与底座连接处是完全封闭的，并不会出现流土现象，所以认为试样内部可能发生断裂现象，试样内部被细料阻塞的部位被水流冲散，导致了疏通通道的出现，渗流速度逐渐变大。由于GDS三轴仪的特殊性，渗透破坏时并不能出现流土现象，为了日后更加系统深入地研究土石混合体的渗透破坏现象，我们可以改进装置使试样底部可以有土流出，并保证流出的土不进入到压力室中。

含石量30%和含石量40%的试样在渗透压力为100 kPa、150 kPa、200 kPa、250 kPa、300 kPa下的渗流速度随渗透压力变化曲线趋势大致相同，均没有出现破坏现象。而含石量50%和含石量60%的试样分别在渗透压力为300 kPa和250 kPa时出现了渗透破坏现象。可能原因是：含石量越大即黏土含量越小，当黏土含量较小时，黏土颗粒并没有在粗颗粒形成的骨架孔隙中充分填充，即黏土颗粒并没有加入到粗颗粒形成的力传导骨架中，随着黏土含量的增加，黏土颗粒逐渐加入到粗颗粒形成的力传导骨架。含石量30%和含石量40%试样的黏土含量较大，即黏土为试样的主体，试样的结构更加紧密，即使黏土颗粒和细颗粒在渗透压力的影响下发生迁移，但是由于试样内部孔隙管道更小，更复杂，黏土和细颗粒在渗流作用下发生迁移所受到的阻力增大，从而导致破坏试样内部结构的临界渗透压力变大，也即含石量越大，试样发生渗透破坏的临界渗透压力越小。

同样的，为了进一步分析含石量及粗细料粒度分维值对黏土-砂岩混合体试样渗流速度的影响，给出了不同渗透压力下渗流速度随含石量的变化规律，由于含石量50%的试样和含石量60%的试样在渗透压力为300 kPa和250 kPa时存在渗透破坏现象，所以选取渗透压力为100 kPa、150 kPa、200 kPa时的渗流速度随含石量及粗细料粒度分维值的变化曲线，如图4-15~图4-17所示。

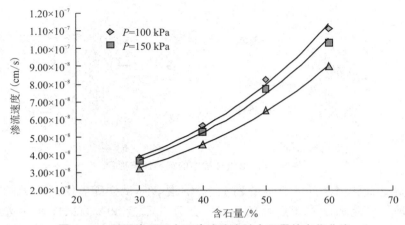

图 4-15 不同渗透压力下渗流速度随含石量的变化曲线

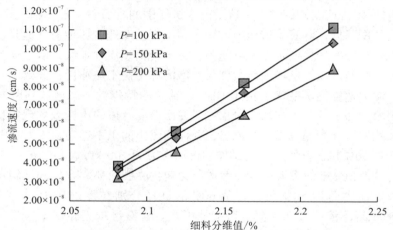

图 4-16 不同渗透压力下渗流速度随细料粒度分维值的变化曲线

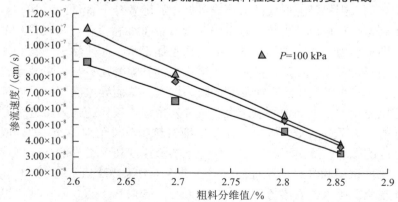

图 4-17 不同渗透压力下渗流速度随粗料粒度分维值的变化曲线

从图 4-15～图 4-17 中可以看出：不同渗透压力下，随着含石量的增大，渗流速度逐渐增大，渗流速度随含石量变化呈指数形式变化；对比各曲线，随着渗透压力的增加，曲线的整体斜率逐渐增大。不同渗透压力下，随着细料粒度分维值的增大，渗流速度逐渐增大，均呈直线形式变化，随着粗料粒度分维值的增大，渗流速度逐渐减小，也近似呈直线形式变化。具体的，当含石量由 30% 增加到 60%，渗流速度增大的幅度分别为 7.25×10^{-8} cm/s、6.64×10^{-8} cm/s、5.73×10^{-8} cm/s。随着细料粒度分维值的增大，表明黏土-砂岩混合体中细料含量越少，也即含石量越大，相应地，粗料粒度分维值的大小也能反映粗料的含量。渗流速度随粗细料粒度分维值的变化，比含石量变化更明显。

为了探究只具有一个粒度分维值的黏土-砂岩混合体渗透特征，选取含石量 30%、40%、50%、60% 的最优级配黏土-砂岩土石混合体试样，即只有一个粒度分维值，确定并制作了粒度分维值分别为 2.75、2.80、2.83、2.86 的黏土-砂岩混合体试样，并通过对不同粒度分维值的试样在不同渗透压力下的渗透试验，得到了不同粒度分维值下，黏土-砂岩混合体渗流速度与渗透压力的关系，见表 4-7～表 4-10。渗流速度随渗透压力的变化曲线如图 4-18～图 4-20 所示。

表 4-7　粒度分维值为 2.75 试样的渗流速度与渗透压力的关系

渗透压力/kPa	100	150	200	250	300
渗流速度/(cm/s)	1.05×10^{-7}	9.08×10^{-8}	7.84×10^{-8}	6.85×10^{-8}	8.32×10^{-8}

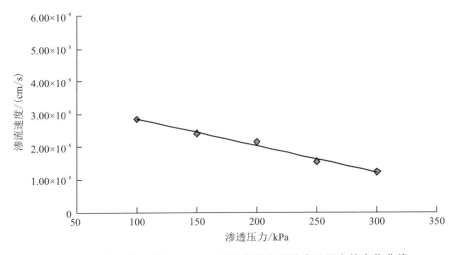

图 4-18　粒度分维值为 2.75 试样的渗流速度随渗透压力的变化曲线

表 4-8 粒度分维值为 2.80 试样的渗流速度与渗透压力的关系

渗透压力/kPa	100	150	200	250	300
渗流速度/(cm/s)	7.83×10^{-8}	6.73×10^{-8}	5.96×10^{-8}	4.82×10^{-8}	4.05×10^{-8}

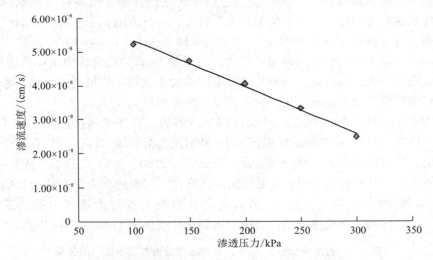

图 4-19 粒度分维值为 2.80 试样的渗流速度随渗透压力的变化曲线

表 4-9 粒度分维值为 2.83 试样的渗流速度与渗透压力的关系

渗透压力/kPa	100	150	200	250	300
渗流速度/(cm/s)	5.23×10^{-8}	4.73×10^{-8}	4.05×10^{-8}	3.32×10^{-8}	2.48×10^{-8}

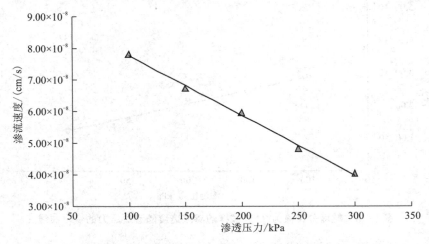

图 4-20 粒度分维值为 2.83 试样的渗流速度随渗透压力的变化曲线

表 4-10　粒度分维值为 2.86 试样的渗流速度与渗透压力的关系

渗透压力/kPa	100	150	200	250	300
渗流速度/(cm/s)	$2.85×10^{-8}$	$2.41×10^{-8}$	$2.15×10^{-8}$	$1.55×10^{-8}$	$1.23×10^{-8}$

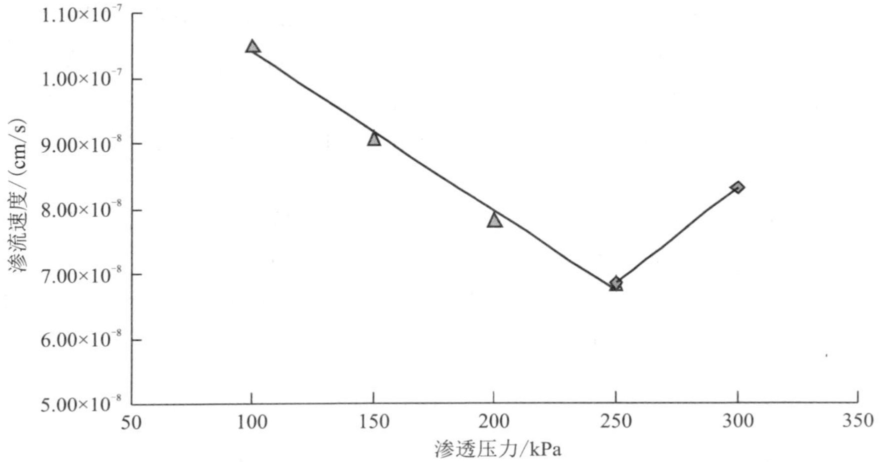

图 4-21　粒度分维值为 2.86 试样的渗流速度随渗透压力的变化曲线

从图 4-18~图 4-21 中可以看出：

粒度分维值 2.75（含石量 30%）、粒度分维值 2.80（含石量 40%）、粒度分维值 2.83（含石量 50%）的黏土-砂岩混合体试样的渗流速度随渗透压力增大有逐渐减小的趋势，均呈线性变化，且曲线斜率逐渐增大。

粒度分维值 2.86（含石量 60%）的黏土-砂岩混合体试样在渗透压力由 100 kPa 增大到 250 kPa 的区间内，渗流速度随渗透压力增大而减小，曲线的斜率比粒度分维值 2.83（含石量 50%）的试样略有增大；当渗透压力加大到 300 kPa 时，渗流速度有增加趋势。

含石量为 30%、40%、50%、60% 的只具有一个粒度分维值的黏土-砂岩混合分维值分别为 2.86、2.83、2.80、2.75 和砂岩粒径为 1~10 mm 的不同含石量黏土-砂岩混合体，含石量设置为 30%、40%、50%、60% 所设置的含石量相同，但是试验一制作的黏土-砂岩混合体试样为具有两个粒度分维值，试验二制作的为只具有一个粒度分维值的最优级配土石混合体，其粒度的均一性最好。由试验数据发现，低含石量试样（含石量不高于 40%）在渗透压力为 100~250 kPa 范围内，只具有一个粒度分维值试样的渗流速度较小，在渗透压力为 300 kPa 时，其渗流速度较大；含石量为 50% 时，只具有一个粒度分维值试样的渗流速度在渗透压力 100~300 kPa 范围内均小于具有两个粒度分维值的试样。粒度分维值为

2.75（含石量60%）的试样在渗透压力为300 kPa时发生渗透破坏现象。

只具有一个粒度分维值的黏土-砂岩混合体试样的渗流速度随渗透压力基本呈线性变化，而具有两个粒度分维值的试样呈非线性变化，但总体变化趋势基本相同。由试验数据可知，含石量为50%的具有两个粒度分维值试样在渗透压力为300 kPa时发生渗透破坏，而只具有一个粒度分维值的试样在相同渗透压力时并没有渗透破坏；含石量60%、具有两个粒度分维值的试样在渗透压力为250 kPa时发生渗透破坏，而只具有一个粒度分维值的试样在渗透压力为300 kPa时才发生渗透破坏。由此可推测只具有一个粒度分维值的黏土-砂岩试样的抵抗渗透破坏的能力较强。

为了分析分维值对黏土-砂岩混合体试样渗流速度的影响，给出了不同渗透压力下渗流速度随分维值的变化规律，由于含石量60%的试样在渗透压力在300 kPa时存在渗透破坏现象，所以选取渗透压力为100 kPa、150 kPa、200 kPa、250 kPa时的渗流速度随分维值的变化曲线，如图4-22所示。

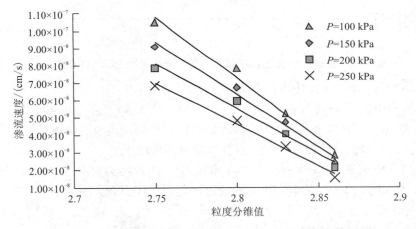

图4-22   不同渗透压力下渗流速度随粒度分维值的变化曲线

从图4-22中可以看出：不同渗透压力下，随着粒度分维值的增大，渗流速度逐渐减小，渗流速度随分维值变化趋势线的形态大致相同；对比各曲线，随着渗透压力的增加，趋势线的整体斜率逐渐减小。具体的，当粒度分维值由2.75增加到2.86，渗流速度减小幅度分别为7.65×10^{-8} cm/s、6.67×10^{-8} cm/s、5.69×10^{-8} cm/s、5.30×10^{-8} cm/s。

试验一得出了良好级配（具有两个粒度分维值）的不同含石量黏土-砂岩混合体试样的渗流速度随含石量的变化曲线，曲线呈指数关系，给出同一渗透压力下渗流速度与含石量关系拟合公式：

$$V = V_0 e^{nS} \tag{4-7}$$

式中　S——含石量,%;

　　　　n——参数,表示渗流速度随含石量增大的敏感度;

　　　　e——自然系数;

　　　　V_0——介质全是土体时的渗流速度,且渗透压力不同,所对应的 V_0 不同。

对于文中试验值得出渗透压力在 100 kPa、150 kPa、200 kPa 时,n 分别为 3.569、3.478、3.396。由于高含石量试样在高渗透压力下会出现渗透破坏现象,所以渗透压力在一定范围内,随着渗透压力的增大,参数 n 逐渐减小,即渗流速度随含石量增大的趋势随着渗透压力的增大逐渐减小,说明随着渗透压力的增大,渗流速度随含石量增大的敏感度逐渐减弱。

(2)试验二得出了最优级配(只具一个粒度分维值)的不同含石量的黏土-砂岩混合体试样的渗流速度随粒度分维值的变化曲线,给出渗流速度与分维值关系拟合公式:

$$V = aD + b \tag{4-8}$$

由于重塑黏土-砂岩混合体试样的渗流速度较小,为了更明显地看出渗流速度随分维值变化的特征值,将渗流速度转化为与粒度分维值同一数量级。

参数 a 表示拟合直线斜率,表示渗流速度随分维值减小的敏感度;参数 b 表示拟合直线截距,由于分维值为零时不存在物理意义,因此,不对 b 的变化规律进行分析。

从表 4-11 可以看到:渗透压力在一定范围内,随着渗透压力的增大,参数 a 的绝对值逐渐减小,即渗流速度随分维值减小的趋势随着渗透压力的增大减小,说明随着渗透压力的增大,渗流速度随分维值减小的敏感度逐渐减弱。

表 4-11　渗流速度随分维值变化特征参数

渗透压力/ kPa	-a	b	R^2
100	6.9879	20.296	0.9867
150	6.0152	17.476	0.9850
200	5.1742	15.04	0.9810
250	4.7773	13.838	0.9918

4.4　渗流特性数值模拟

4.4.1　数值图像的处理方法

基于数字图像的数值模拟是分析研究材料的非均匀性、内部结构特征、各组分形态特征及相应的细观力学特性的有效手段,在分析土石混合体试样、煤试样、混凝土试样等方面都已有不错的研究成果。陈立等提出了背景网格-EAB 块石投放算法，并将数值流形法应用于数值模拟过程中，模拟了土石混合体压缩试验并验证其有效性。徐文杰等利用块石的三维模型，根据试验需求构建土石混合体数字模型，模拟并结合现场试验结果证明了剪切试验中土石混合体的块石效应。廖秋林等基于土石混合体土石两相的数值模型，模拟单轴压缩试验，得出试样内应力的分布基本受块石的分布与形状控制的结论。Xiaoming Ni 等利用 CT 扫描结合 Avizo 图像处理技术构建了具有大孔隙的数字煤层模型，模拟了大孔隙中的煤层气流动过程，揭示了压力场和速度场的流线分布。王刚等利用 CT 扫描重建技术建立了 6 种煤样的模型，模拟了在多种不同压力梯度下的煤层气渗流情况，得到非达西系数与有效孔隙率和渗透率成负相关的结论。于庆磊等建立了基于位图矢量化理论的三维实体材料结构模型的重建方法，对混凝土单轴压缩破裂过程进行了数值模拟。Wei Sun 等通过 CT 图像的三维重建和离散元模拟，得到了水泥试样在不同应力条件下的多组分结构和孔隙度值。

4.4.2 CT 图像微细观建模方法

利用 CT 图像构建的三维数值模型的优点是可以全面反映试样情况，但就目前的技术而言，缺点同样明显，模型只能反映二相，主要是骨架与空隙两相，而对于土石混合体而言，需要的是土、块石、空隙的三相。目前对于土石混合体的渗流模拟大多是基于二维的人造模型，且以土、石两相为主，因此提出一种利用 CT 图像构建二维模型来反映真实的一般试样的三相分布的建模方法。

1）二维数值模型构建原理

高 CT 扫描能量条件下得到的 CT 图像，其密度与图像灰度值呈良好线性关系。CT 断面图像的每一个点都可看作灰度值 I 关于坐标值的空间函数，平面模型中，I 是关于 x、y 的二维函数，可表示为

$$I=f(x, y) \tag{4-9}$$

利用这一点可以以图像中的灰度值为中间变量，将与渗透特性相关的参数如孔隙率、渗透率赋值于数值模型，进而生成能够反映孔隙率与渗透率的数值模型。

数值模型中诸如孔隙率、渗透率同样可以认为是空间点坐标的函数，可以表示为

$$\varphi(x, y) = \begin{cases} \eta_1 f(x, y), & 0 \leqslant f(x, y) < I_1 \\ \eta_2 f(x, y), & I_1 \leqslant f(x, y) < I_2 \\ \eta_3 f(x, y), & I_2 \leqslant f(x, y) \leqslant I_3 \end{cases} \tag{4-10}$$

其中，η_1、η_2、η_3 分别为空隙、土、块石对应的孔隙率变换常数；I_1、I_2、I_3 分别为空隙、土、块石三相介质的灰度值阈值。渗透率的表示形式与其一致。

所以只要确定好我们所需要的阈值分割点 I_i，我们就可以得到与实际相符的

数值模型，也可以调整阈值得到具有某一特征的模型。

但在生成与实际相符的数值模型时，由于在多孔介质的 CT 扫描灰度图像中，土石混合体具有较强的非均质性，基质与基质之间以及基质中不同组成成分之间的密度差异较大，应用 CT 技术对重塑试样进行扫描时，灰度值连续性较好，且同种宏观介质所对应的并不是单值的灰度值，而是一个灰度范围，不同组分的灰度值有较大范围的重叠，不能简单地以某个阈值区分两种介质。如以下对部分 CT 断面的局部灰度值统计情况：三种介质的特征区域、局部统计结果见电子图（扫码进入）。

灰度频度
局部统计

从三相的灰度值范围反应看，岩石对应的灰度范围为（130，255），主要集中于（175，220）；土对应的灰度范围为（115，255），主要集中在（153，178）；孔隙灰度分布在（0，102）。从特征区域灰度值分布区间来看，土与块石的灰度区间重叠区域较大，难以确定分辨二者的阈值；孔隙的灰度范围与土和岩石就这四张断面反映的情况来看没有重叠，阈值在 102~115。因此，从三相的灰度值范围来看，通过阈值分割无法极其准确地反映土石混合体三相的分布，通过阈值分割是可以很好地在一定的误差范围内去反映试样真实的三相分布的。

2）阈值控制法

如上文所讲，CT 图像的每一点都可以看作灰度值函数，转化成的函数图像见电子图（扫码进入）。从图像可以看出，CT 断面图像累积灰度频度 M_i 在某灰度值区间像素点数目占断面总像素点数的比例就是该相的体积占比，可表示为

土石混合体断面灰度值函数图像

$$M_i = \sum_0^i \frac{n_k}{n} \tag{4-11}$$

式中　n_k——灰度值为 k 的像素点的数目；

　　　n——断面总像素点数。

所谓的阈值控制法，就是利用累计灰度值能够反映出三相体积占比的特性，通过不同的阈值分割点得到不同三相体积占比的多个模型。

4.4.3　土石混合体微细观渗流数值仿真

1）土石混合体试样制备

进行试验室土石混合体试样制备时的材料选取如表 4-12 所示。试样制备过程中先将材料放入高为 160 mm、内径为 50 mm 的钢筒中，然后在杠杆式高压固结仪上进行压缩固结。散体材料固结样品的初始高度约为 130 mm，在固结作用下形成重塑土石混合材料固结样品。试样尺寸为 $\phi50 \times 100$ mm，散体物料初始质量含水率为 20%，最大固结压力 2000 kPa，模拟埋深约 100 m。

表 4-12　土石混合体材料参数

材料	类型	质量百分比 /%	平均密度 /（kg/m³）	初始含水率 /%	颗粒尺寸
散土	粉质黏土	30	1750	20	过 1 mm 筛
岩石块体	卵石	70	2200	16	过 8 mm 筛

2）阈值控制点选取

为了反映比较符合试验所制试样的真实灰度值分布，对 100 mm 高的试样总计做了 297 张 CT 断面图像，并且对每一张的灰度值进行统计，以得到更接近真实情况的累计灰度值分布。

试验中 CT 扫描能量为 150 kV。通过 CT 扫描获得的断面图像可以清晰分辨宏观孔隙、土、块石三种介质。本次选用 CT 图片为 8 位深度，即灰度值范围为 0~255，0 表示黑色，即绝对空隙；255 表示白色，即绝对基质。利用 Matlab 编制灰度值统计程序，统计所有断面图灰度。将所有断面的灰度值统计到一起得到的累积灰度频度是关于灰度水平的连续函数，曲线如图 4-23 所示。

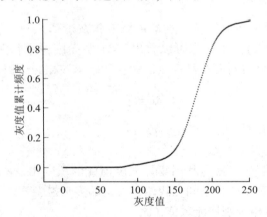

图 4-23　CT 切片累积灰度频度统计

从图 4-23 中可知，在图中任意选定两个灰度值，即对应三相的两个节点阈值，对应的函数值之差就是每一相的体积占比。例如，若灰度值 i 与 j（$i<j$）之间所代表介质所占空间比例可表示为 $M_{i,j}$，假定代表宏观孔隙的最大灰度值为 i，则 $M_{0,i}$ 则为表示宏观孔隙率。通过此方法即可找到出三相不同体积占比下的阈值分割点。

3）构建渗流数值计算模型

构建带有细观特征的土石混合体渗流数值计算模型，实际为将与渗流特性相关的渗透率、孔隙率以空间点的形式赋值于几何模型，模型结构细观化即为参数赋值的细观化。设计的土石混合体试样参数见表 4-13。

表 4-13　不同介质渗透参数

	宏观孔隙	土	块石
孔隙率/%	1	0.4	0.1
渗透率/md	1×10^{-4}	5×10^{-8}	1×10^{-12}

示例建模采用的阈值划分根据章节 4.4.2 得出的三相灰度值分布取值 115、175 作为阈值划分点去还原真实的 CT 断面。赋值后生成的数值建模见电子图（扫码进入）。

示例模型

生成的建模颜色所反映的是孔隙率的大小，白色流线反映是达西速度场，可以反映出水在试样中的流动情况，以及通过密集程度反映相对流速大小。

通过与原始 CT 断面图像的对比，可以看出阈值控制法在一定的误差内对真实的断面还原性很高；同时也证明通过对多断面灰度值统计来确定阈值的方法是可行的、可信的。

本次数值试验只基于一张 CT 图片，通过不断地调整阈值改变宏观空隙、土和块石的比例。这种做法的优点在于，对于不同含石量的试样，块石的位置排列无法保证一致，但通过这样的方法则可以保证块石在试样中的分布是不变的。另外，宏观空隙的控制是很难的，而且本身空隙就有贯通与非贯通的区别，通过这种手段就可以得到较为准确的宏观孔隙率对宏观渗透特性的影响。

此外，由于土与块石中的孔隙一般尺寸较小，在大尺寸试样 CT 扫描中难以分辨，因此文章中所指的宏观孔隙，并不包含土与块石材料本身含有的孔隙，因此材料的总孔隙率 n 计算如下：

$$n = \alpha n_{a} + \beta n_{s} + \gamma n_{r} \qquad (4-12)$$

式中　n_{a}——由空气填充的宏观孔隙率；

　　　n_{s}——土孔隙率；

　　　n_{r}——块石孔隙率；

　　　α、β、γ——加权值，分别代表三种介质所占空间体积比例，加权值 α、γ 分别表示宏观孔隙率与含石率。

4）宏观孔隙度对渗透率的影响

数值模拟的第一部分为了探究宏观孔隙度对渗透率的影响设计了如表 4-14 的 5 个试样，阈值控制点根据图 4-23 选取。

试样数值模型及渗流模拟结果

5 组试样保持 0.5 的岩块体积占比，通过调节孔隙阈值不断增加宏观空隙的体积占比，建模见电子图（扫码进入）。

对 5 组试样进行数值模拟，模拟在标准大气压 101 kPa 下的渗流情况，计算方法使用达西定律，结果见电子图。通过计算得到的土石混合体绝对渗透率变化情况如图 4-24 所示。

表 4-14　A-1~A-5 试样参数

模型编号	介质体积含量/%				CT 图像阈值		
	α	β	γ	n	孔隙	土	块石
A-1	0	0.5	0.5	0.25	0	181	255
A-2	0.1	0.4	0.5	0.31	148	181	255
A-3	0.2	0.3	0.5	0.37	161	181	255
A-4	0.3	0.2	0.5	0.43	169	181	255
A-5	0.4	0.1	0.5	0.49	175	181	255

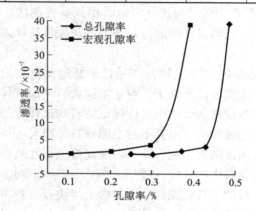

图 4-24　A-1~A-5 试样渗透率变化曲线

从图 4-24 中可以看出，渗透率随着宏观孔隙率和总孔隙率的增加而增加，试样 A-4 是渗透率迅速变化的开始，A-4 对应的宏观孔隙率为 0.30，总孔隙率为 0.43。A-1~A-4 试样的渗透率变化很小，平均值为 1.31×10^{-7}，A-1 无空隙渗透率最小，与纯土的渗透率接近。从试样速度场流线图中可以看出，随着宏观孔隙率的上升空隙不断的连通，当宏观孔隙率达到 0.4（A-5 试样）时，对比 A-4 可以看出更大面积的宏观空隙贯通，使渗透率迅速上升。

但应当指出的是，实际中达到 0.3 的孔隙体积占比的试样一定是未压实的试样，也就是较为松散的、不稳定的试样。这样高孔隙率的试样从形态和结果上来看，与有损伤的试样比较接近。总的来说可以得出结论，未贯通的宏观空隙会使土石混合体渗透率提高，但提高幅度不大；贯通的孔隙会极大地增加土石混合体的渗透率。

5）含石率对渗透率的影响

此部分的模拟会保持 0.20 的宏观孔隙度体积占比，通过改变土体阈值不断地调整岩土比例。对应的 A-6~A-10 试样参数如表 4-15 所示。

表 4-15 A-6~A-10 试样参数

模型编号	介质体积含量/%				CT 图像阈值		
	α	β	γ	n	孔隙	土	块石
A-6	0.2	0.1	0.7	0.31	161	169	255
A-7	0.2	0.2	0.6	0.34	161	175	255
A-8	0.2	0.3	0.5	0.37	161	181	255
A-9	0.2	0.4	0.4	0.4	161	187	255
A-10	0.2	0.5	0.3	0.43	161	194	255

与第一组试验类似，试样渗流模拟结果见电子图（扫描进入），图 4-25 所得出的曲线为保持孔隙阈值 161 的条件下，孔隙阈值从 169 变化至 194、以 1 为跨度的所有情况下的模拟结果。

A-6~A-10
试样渗流
模拟结果

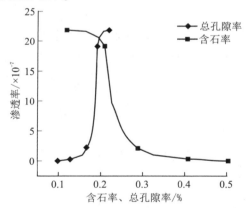

图 4-25 A-6~A-10 试样渗透率变化曲线

从图 4-25 中可以看出，0.5 的含石率（A-8）是曲线的转折点，从模型上来看就是土体或岩块作为土石混合体骨架的临界点。A-6 的渗透率为 5.86×10^{-9}，A-10 的渗透率为 1.77×10^{-6}，就是说 A-6 的渗透率是介于岩石与孔隙之间，A-10 的渗透率介于孔隙与土体之间。从速度流线图来看，A-6、A-7 的速度流线集中在岩块中，充分反映了此时岩石成为土石混合体的骨架，对应的 A-9、A-10 的速度流线则主要集中在土体骨架中。

　　通过 CT 图像技术，利用基于阈值控制法的细观数值建模设计试验分别研究宏观孔隙率与含石率对渗透率的影响，成功避免室内试验时因同组试样块石空间分布不同而导致的误差。通过对渗透率变化曲线以及对渗流速度流线的分析得出，宏观空隙会因贯通而极大增大试样渗透率，以及在含石率变化过程中土石混合体渗透率会更接近其骨架渗透率的结论。

第5章

土石混合体强度重构机理

露天矿从初始表土剥离到工作面形成再到最终矿床开采完毕，整个过程中土石剥离物的重构强度对排土场内部和外部特征、参数变化起着显著影响，动态表现为排土场高度渐次升高，长度逐级延展。排土场几何结构按照排土工程的实施呈规律性发展，这也造成了排土场内部结构呈现规律性变化；考虑密度因素，土石混合体由于重力作用密度从高到低递增，水平维度上土石混合体由于塑性缓慢沉降密度从先到后递增；考虑粒级分布因素，表现为受排土方式影响，高度方向上土石颗粒块度沿高度减小。总体上，土石混合体受排弃规律影响，其重构强度影响因素也表现出规律性分布，研究土石混合体强度重构对最终的排土场稳定性评价、安全生产和环境修复等都有着重大意义。

5.1 土石混合体强度重构影响因素分析

排土场的土石混合体为由土石粒块、气体和液体组成的三相介质材料，土石粒块构成其基本骨架，气体、液体存在于空隙和裂隙中，气体、液体与土石粒块间形成气液固界面。三种介质在土石混合体中的含量不同构成了决定土石混合体重构强度的各种因素。气体影响了重构体的密度，液体影响了重构体的基质软化程度和基质吸力大小，土石含量比影响了骨架强度，石块含量决定了骨架强度，土颗粒含量决定了骨架的胶结程度。通过统计分析，梳理出了影响土石混合体的因素结构图，见图5-1。

土石混合体重构过程从宏观上经历了从散体到胶结成型，从微观上经历了混合体组成要素相互间的物理化学作用，其最终力学强度呈现为由弱及强。重构过程的复杂性决定了对土石混合体重构后的强度分析难以从单一要素出发作为整体性分析的基础，而要素的微观物理化学特征只能将单一要素作为基础研究，因此，对混合体最终的强度效应分析就要将多因素模型作为整体分析的手段。

在排土场初始排弃期，土石混合物的小规模空间体积决定了其只受自身微重力作用，随着排弃过程的进行，排土场规模增长，其底部的土石混合体受上覆重力的影响，混合体中的部分气体和液体被压出，密度变大，重构加强；排土场形成过程中存在自然降雨和蒸腾作用，即意味着混合体中的液体含量处于动态变化，在液体含量增加过程中，土石混合体中的土颗粒基质被液体软化，重力作用下充斥于石块体之间，此阶段为土石混合体胶结形成阶段；在液体含量较少过程中，土石混合体中的土颗粒基质失水硬化，此阶段应为胶结加强阶段；经历了胶结形成过程和胶结加强阶段后，土颗粒与石块已互为一体，形成混合体最终骨架。土石混合体中的土石含量比也直接影响着其重构强度的形成，如果土颗粒在重构体中作为弱物质存在，对重构体的强度有削减作用；如果土颗粒在重构体中作为胶结物存在，对重构体强度有加强作用，二者的对立决定了重构体存在强度最优解。土石混合体形成过程中的多因素多变量导致重构体系的复杂多变，对土石混合重构体整体强度的定性分析也难满足真实实践要求，其从单一要素定量衡量到体系多要素定量衡量体现了研究的必要性。

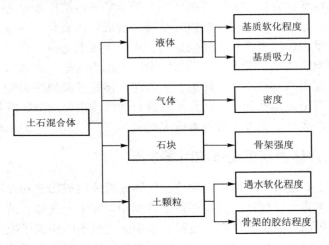

图 5-1　土石混合体强度影响因素结构图

5.2　土石混合体强度判据准则及基本破坏形式

土石混合体的重构形成后，重构体力学强度成为重构质量的标准，在岩石力学领域对岩石材料的强度分析中，可通过莫尔理论来分析岩石内部某一点在复杂应力状态下是否被破坏，作为岩石强度的衡量手段。鉴于普通岩石相对均质连续的特点，利用莫尔理论可以只考虑单一因素来描述岩石强度特点，即黏聚力和内摩擦角。相比岩石材料，土石混合体的介质成分组成多样，分布混乱，呈现出极其不连续、非均质特性，如果仍然采用传统的莫尔理论，其结果是不能精确细致地描述土石混合体材料各内部特征对其重构后的强度的贡献程度的，因此有必要通过对土石混合体内的土颗粒和石块进行划分，并且对土石混合体内的土颗粒和石块的分布进行模型假设，由此可最终在原来模糊不确定土石混合体系中建立一种清晰的分析手段。

实际排土场内的土石含量在不同部分是不定的，在某点附近区域可看作是某一定值，假设土石混合体内土石含量比为 K，得

$$K = \frac{V_S}{V_R} \qquad (5-1)$$

式中　K——土石混合体中土石含量比；

V_S——土石混合体中土颗粒的体积，m^3；

V_R——土石混合体中石块的体积，m^3。

和普通岩石材料一样，土石混合体材料的强度条件可用莫尔-库伦方程式表示：

$$\tau_f = C + \sigma \tan\varphi \qquad (5-2)$$

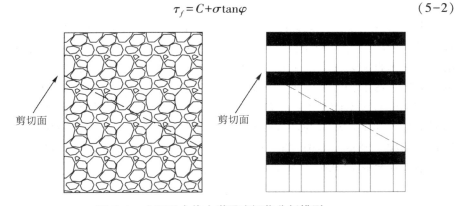

剪切面　　　　　　　　　剪切面

图 5-2　土石混合体力学强度概化分析模型

真实的土石混合体中土石的分布及其不均匀，并且石块粒级分配多样化，这造成了土石混合体材料与普通岩石材料力学强度分析方法的差异。因此，可对土石混合体的模糊混乱特征概化出不影响其力学强度分析的理想化特征，即：土石混合体的强度由土颗粒经历水软化、失水固结硬化后的强度和石块本身岩石强度组成。如图 5-2 所示，黑色部分可代表土颗粒固结硬化后的强度，白色部分代表岩石的强度。

根据式（5-2），土颗粒固结硬化后的强度和石块的强度可分别表示为

$$\tau_s = C_s + \sigma \tan\varphi_s \qquad (5-3)$$

$$\tau_r = C_r + \sigma \tan\varphi_r \qquad (5-4)$$

式中　τ_s——土石混合体中土颗粒固结硬化后的切应力，kN；

C_s——土石混合体中土颗粒固结硬化后的黏聚力，kN；

φ_s——土石混合体中土颗粒固结硬化后的内摩擦角，（°）；

τ_r——土石混合体中石块的切应力，kN；

C_r——土石混合体中石块的黏聚力，kN；

φ_r——土石混合体中石块的内摩擦角，（°）。

根据式（5-1）~式（5-4），采用叠加法可得到土石混合体整体的莫尔-库仑方程式：

$$\tau = \frac{K\tau_s + \tau_r}{K+1} = \frac{KC_s + C_r + \sigma\ (K\tan\varphi_s + \tan\varphi_r)}{K+1} \tag{5-5}$$

进一步可得

$$\begin{cases} C = \dfrac{KC_s + C_r}{K+1} \\[3mm] \tan\varphi = \dfrac{\sigma\ (K\tan\varphi_s + \tan\varphi_r)}{K+1} \end{cases} \tag{5-6}$$

上述公式是在正应力无限的理想条件下得到的，即 σ 趋近于 $+\infty$ 时，土石混合体受到极限正应力和切应力发生破坏，其中土颗粒重塑体和石块沿剪切面移动，但在垂直剪切面方向不发生位移，意味着土石混合体中的每一石块完全发生剪切破坏。考虑到实际中正应力的有限性，土石混合体重构后发生破坏时，其中必然有部分石块不能发生剪切断裂，在宏观上表现为剪切面两侧的破坏体会在剪切面垂直方向上移动（见图5-3），在微观上表现为剪切面两侧的破坏体中的石块相互骑越，没有发生剪切断裂，所以在这种情况下相互骑越的石块对破坏的贡献就不存在黏聚力部分，这造成了土石混合体的强度降低，并且表现出一种趋势，即正应力 σ 越小，强度降低越明显。

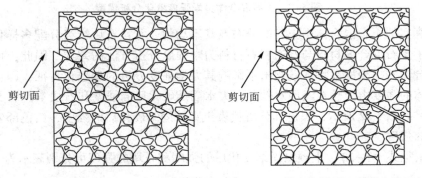

（a）理想条件下土石混合体破坏　　　（b）真实条件下土石混合体破坏

图5-3　不同正应力条件下土石混合体的破坏差异

　　通过上述对土石混合体真实情况下的强度差异特征进行分析，定性得出导致土石混合体的力学强度较理想情况下变弱的主要因素，是土石混合体中的部分石块的黏聚力无效。如果想要概括出土石混合体中石块黏聚力无效的程度和范围，就需要借助数学分析的手段对该部分黏聚力进行半定性半定量的数学公式描述。

　　土石混合体中石块黏聚力无效的数学定性描述为：理想条件下正应力 $\sigma \rightarrow +\infty$，此时土石混合体中石块的黏聚力为 C_r，真实条件下正应力 σ 为一常数，此时土石混合体中石块的黏聚力 C_r 产生部分无效；但是随着 σ 的递减，无效程度增加，黏聚力 C_r 也发生递减，但递减程度会减弱。注意到，指数函数的曲线特征，如图 5-4 所示，与 C_r 无效递减规律一致，因此采用指数函数作为 C_r 无效递减函数。

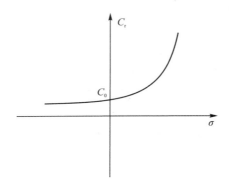

图 5-4　不同正应力条件下土石混合体中石块黏聚力 C_r

　　假设 C_r 无效递减函数为 $C_r = C_0 \times a^{\sigma}$，根据边界条件，当 $\sigma = 0$ 时，$C_r = C_0$；当 $\sigma = \sigma_1$，$C_r = C_1$ 时，$a = \left(\dfrac{C_1}{C_0} \right)^{\frac{1}{\sigma_1}}$，得出

$$C_r = C_0 \times \left(\frac{C_1}{C_0} \right)^{\frac{\sigma}{\sigma_1}} \tag{5-7}$$

将式（5-7）带入式（5-6），得

$$\begin{cases} C = \dfrac{KC_s + C_0 \times \left(\dfrac{C_1}{C_0} \right)^{\frac{\sigma}{\sigma_1}}}{K+1} \\[4mm] \tan\varphi = \dfrac{\sigma \ (K\tan\varphi_s + \tan\varphi_r)}{K+1} \end{cases} \tag{5-8}$$

最终得出土石混合体材料的莫尔-库伦准则修正公式：

$$\tau = \frac{KC_s + C_0 \times \left(\dfrac{C_1}{C_0}\right)^{\frac{\sigma}{\sigma_1}}}{K+1} + \frac{\sigma(K\tan\varphi_s + \tan\varphi_r)}{K+1} \tag{5-9}$$

由于排土场土石混合体组成要素多样和结构无序，造成其极度不均匀、不连续，这造成土石混合体的力学强度分析面临多种不确定性，传统的力学公式难以直接使用，需要对其进行拓展和扩充，以满足土石混合体这种特殊的"岩石"材料的试用要求。上述公式的推导主要解决了土石混合体材料在不同正应力条件下莫尔-库伦准则的使用，能更精确地判断破坏条件。

5.3 土石混合体力学模型构建与评价方法

土石混合体力学强度的特殊性主要由于土体和块石的力学强度差异较大，并且二者混合之后的胶结和程度对于其力学强度都具有一定的影响。土石混合体中大块岩体在近似均匀的土体中的力学强度和破坏模式对排土场稳定性都具有重要的影响。因此，探索土石混合体中的大块破坏模型和排土场边坡稳定性的评价方法对露天矿排土场的安全评价具有重要的价值。

5.3.1 土石混合体中大块岩体破坏力学模型

对于土石混合体中的大块岩体来说，其力学表现非常复杂，并且和内排土场中的颗粒介质混合在一起。当边坡处于极限平衡状态时，大块岩体的受力可以分为两种情况。一种情况是，滑动主体产生的下滑力能够切割大块岩体，形成贯穿滑面；另一种情形是，下滑力会导致大块岩体的转动，这将引起边坡的不稳定。下面对于土石混合体中大块岩体的剪切破坏以及转动破坏的力学模型进行研究。

1）剪切破坏

大块岩体在排土场散体边坡滑动遭遇剪切破坏时，其边坡结构及滑动情况见图 5-5，其中大块岩体的受力示意图见图 5-6。

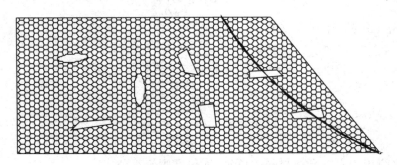

图 5-5　排土场土石混合体边坡结构

图 5-6 中大块岩体受力示意图明确了大块岩体在土石混合体台阶中所受的主要作用力，其中 N_l 和 N_r 是大块岩体底部受到的支撑力，大块岩体自重为 G_d，上部表面承受滑体的重力为 G_t，其大小为

$$G_t = hL_u\gamma \qquad (5-10)$$

式中　h——大块所在位置的垂直深度，m；

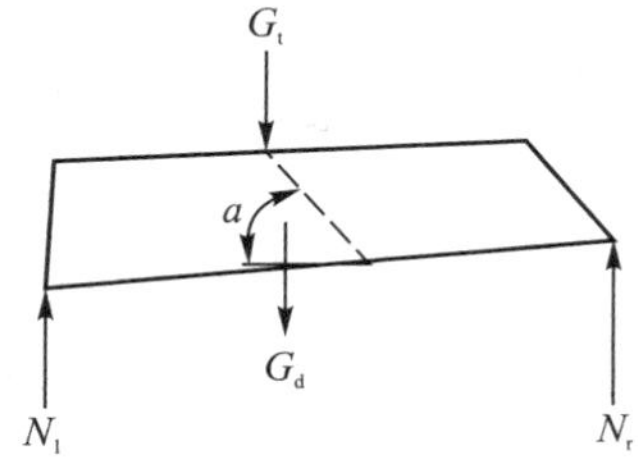

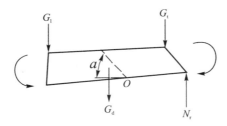

图 5-6　大块岩体受力示意图

　　　L_u——大块岩体上表面被切断的长度范围，m；

　　　γ——土石混合体的平均容重，kN/m^3。

作用在大块岩体上的剪应力为

$$\tau_t = G_t\sin\alpha \qquad (5-11)$$

土石混合体形成的排土场边坡，其基本的失稳模式为圆弧滑坡，大块岩体被剪断时的极限平衡状态的稳定系数可表述为

$$F_s = \frac{R\sum\limits_{i=1}^{n}\left(Cl_i + W_i\cos\beta_i\tan\varphi\right) + \sum\limits_{i=1}^{m}\tau_{di}}{R\sum\limits_{i=1}^{n}W_i\sin\beta_i} \qquad (5-12)$$

式中　τ_{di}——单一大块岩体自身的抗剪强度，kPa；

　　　R——滑动弧半径；

　　　C——黏聚力；

　　　l_i——滑面长度；

　　　W_i——滑体重量；

　　　β——滑面与水平面的夹角；

　　　φ——内摩擦角。

2）滚动失稳

当滑体产生的下滑力不足以切坏大块岩体，但滑体产生的弯矩大于大块岩体稳定部分的阻力弯矩、造成大块岩体转动时，会使大块岩体产生滚动滑落，造成失稳，在这种平衡状态下，大块岩体受力情况如图 5-7 所示。

图 5-7　大块岩体滚动失稳力学示意图

上部岩体的重力作用使大块岩体产生转动，并最终形成滚动失稳，根据图 5-7 中的力学结构，存在如下力矩平衡方程：

$$G_{\mathrm{t}}L_{\mathrm{t}} = N_{\mathrm{r}}L_{\mathrm{r}} + G_{\mathrm{l}}L_{\mathrm{l}} \tag{5-13}$$

式中 G_{t}——上部岩体的主动扭转重力，N；

       G_{l}——上部岩体产生的被动扭转重力，N；

       N_{r}——大块下部的有效支撑力，N；

       L_{t}——主动重力扭转力臂，m；

       L_{r}——下部支撑力力臂，m；

       L_{l}——被动扭转重力力臂，m。

在土石混合体边坡内部复杂的力学作用下，边坡以自然堆积的形式保持稳定，当受到外力扰动时，原有的平衡被打破，当大块岩体的抗剪强度足以抵抗滑面错动产生的剪力时，容易出现大块岩体滚动失稳；当剪切大超过大块岩体的抗剪强度时，将会出现剪切破坏失稳。

5.3.2 大块岩体对排土场边坡稳定的影响指标分析

对比土石混合体的强度与土体的平均强度，得到土石混合体强度相对于原始土体，其黏聚力 C 提高了 57.98%，内摩擦角 φ 增大了 98.13%，这个增幅非常显著。当土石混合体中的岩石块强度较大时，相应的稳定性分析参数黏聚力 C 和内摩擦角 φ 应该进行修正，同样的稳定性计算方法也需要进行改进，具体如下：

$$F_{\mathrm{s}} = \frac{\sum\limits_{i=1}^{n}\left(Cl_i + W_i\cos\beta_i\tan\varphi\right) + \sum\limits_{j=1}^{m}\tau_{\mathrm{d}i}}{\sum\limits_{i=1}^{n}W_i\sin\beta_i + \sum\limits_{j=1}^{m}G_{\mathrm{d}}\sin\beta_i} \tag{5-14}$$

排土场内部的大块岩体越多，其抗剪强度就越大，稳定系数也是如此。当颗粒状边坡中的大块岩体遵守不同的准则时，相应地，边坡的稳定性也会呈现出不同的形式。为了研究边坡稳定性系数随不同块度比和密度比的变化规律，采用数值模拟的方法来分析其稳定性，揭示各因素之间的耦合关系。

1）块度比对边坡稳定性的影响

对于散体内排土场台阶，其物料粒径基本维持在某一级别 ϕ_{ave} 上下呈小范围浮动，当部分散体粒径明显大于均匀散体的粒径时，将这部分大块散体粒径 ϕ_{max} 与均匀散体粒径 ϕ_{ave} 的比值定义为粒径比，即

$$R_{\mathrm{k}} = \phi_{\mathrm{max}} / \phi_{\mathrm{ave}} \tag{5-15}$$

按照粒径化 R_{k} 从 2 到 6，以 1 为步长，不断增大粒径比，并逐个进行数值模拟，其中 30 m 高的土石混合体边坡在 5 个不同块度比条件下的稳定性分析结果如图 5-8 所示。

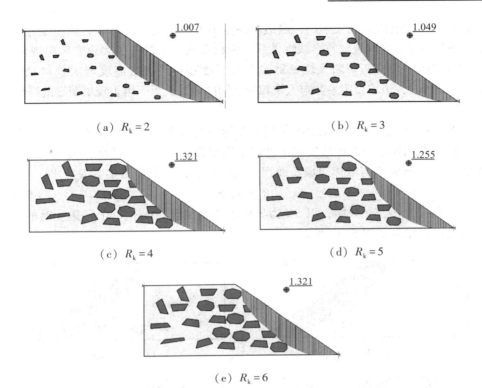

（a）$R_k = 2$　　　　　　　（b）$R_k = 3$

（c）$R_k = 4$　　　　　　　（d）$R_k = 5$

（e）$R_k = 6$

图 5-8　不同块度比下的土石混合体边坡稳定性模拟结果

通过对不同高度的土石混合体边坡稳定性进行数值模拟，得到在不同块度比条件下土石混合体边坡稳定系数的变化规律，见图 5-9。

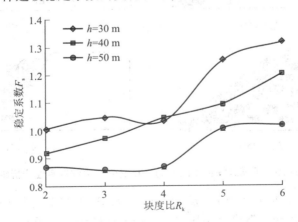

图 5-9　不同块度比时散体边坡稳定系数变化规律

从图 5-9 可知，随着大块与均匀物料的块度比 R_k 的不断增大，土石混合体边坡稳定系数近似呈线性增加，当边坡高度不大时，土石混合体边坡稳定性与大块物料粒径 ϕ_{max} 之间近似符合线性关系，失稳滑面基本避开了大块岩体出现位置，从均匀散体中切穿，切断大块的数量少和长度小；当边坡高度与大块粒径之比 $H/\varphi_{max} \geqslant 10$ 时，边坡稳定系数与大块粒径之间的函数关系不再表现出明显的线性。

2）密集度

散体边坡中大块尺寸是影响其稳定性的关键因素，但是大块岩体在整个剖面中所占的面积比也对散体边坡稳定性产生重要影响，此处定义散体边坡剖面中大块岩体所占面积 S_d 与散体边坡总面积 S_a 之间的比值为大块密集度 R_m，即

$$R_m = S_d / S_a \tag{5-16}$$

密集度 R_m 从 5% 开始，以 5% 为步长逐渐增加至 30%，每个密集度时的稳定性数值模拟结果如图 5-10 所示。

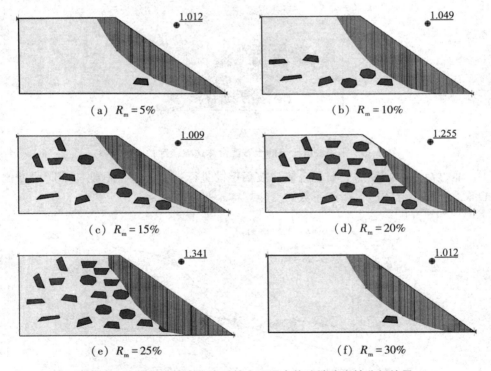

（a）$R_m = 5\%$ （b）$R_m = 10\%$

（c）$R_m = 15\%$ （d）$R_m = 20\%$

（e）$R_m = 25\%$ （f）$R_m = 30\%$

图 5-10　不同大块密集度时的土石混合体边坡稳定性分析结果

通过对 30 m、40 m 和 50 m 高的土石混合体边坡在不同大块密集度时的稳定性进行分析，得到土石混合体边坡稳定系数变化曲线，见图 5-11。

从图 5-11 可以看出，随着大块岩体在土石混合体边坡中的密集度不断增加，边坡稳定系数呈线性规律增加，且边坡高度越小时，二者线性关系的斜率越大。

因此，块度比和大块密集度是影响土石混合体边坡强度的两个重要因素，并且随着边坡高度的变化，这些因素对土石混合体边坡稳定性的影响机理会有所变化。

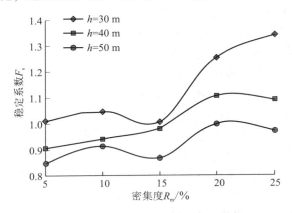

图 5-11　不同密集度下边坡稳定系数变化规律

5.4　排土场土石混合体强度重构时空分布规律及边坡时效稳定性评价

露天矿从首采区拉沟开拓开始，就有剥离物的被采出，在排土场进行排放，并且随着开采作业的进行，排土场的规模不断增加，直到开采作业最终完成。排土场不仅外形特征时刻发生变化，并且其变化的速率也有大小差异，这导致排土场土石混合体的重构强度出现规律性的时空分布和排土场总体结构的时效稳定特征。

5.4.1　排土场土石混合体强度重构时空分布规律

随着高度增加，排土场在垂直方向上排土场的土石混合体中的每一点都受到上覆应力，在该应力作用下，将直接导致排土场的密度发生变化，但这种变化和时间有一定的函数关系。

土石混合体重构程度主要受到上覆压力的影响，在上覆压力的作用下，土石混合体中的孔隙和裂隙中的部分空气被压出，但是当土石混合体规模巨大时，由于孔隙和裂隙中的空气难以被上覆压力一次性快速压出，剩余部分空气只能在孔隙和裂隙中被压缩，气体压强增大，从而抵抗上覆压力；当土石混合体在极限载荷作用下发生破坏时，破坏剪切面上的孔隙中的压缩空气会减弱剪切面上的正应力，从而使其更容易发生破坏；随着时间的延长，由于土石混合体中的气体与大气的压强差，土石混合体中的空气会在上覆压力加强的作用下逐渐排出，从而导致土石会混合体密度变大，重构增强，最终混合体重构强度变大。通过上述土石混合体重构强度分析，得到土石混合体的重构程度一方面受到上覆压力的作用，并且这一作用最直接导致土石混合体密度变大，强度变强；另一方面，在土石混合体规模巨大的情况下，由于土石密封阻滞作用，土石混合体中的空气难以排出，会造成土石混合体重构停滞，并且土石混合体中的压缩空气会加剧其破坏，构成排土场不稳定的一种因素，但是随着时间的进行和上覆压力逐增的作用，土石混合体中的空气会逐渐排出，重构逐渐加强。

排土场的高度随时间的变化率与开采作业的强度和排土作业的强度有关，由于排土场的土石混合体被上覆压力压实的过程中具有蠕变时效特性，如果排土场的高度增加过快，土石混合体不能被立即压实，这种不能被立即压实的特性是多种因素导致的，主要包括土石物料本身的蠕变特性，土石混合体中的空气难以被压出的特性，排土场工程机械作业持续震动的特性等，这将使得土石混合体重构不充分，不能达到重构强度上限，难以承受上覆重力，导致排土场出现不稳定。但是不能被土石混合体"不能被立即压实"特性本身是含有时间特征的，当排土速度减小时，高度增长率减小，土石混合体"不能被立即压实"的特性减弱，因此，这种特性可定义为土石混合体重构强度的时效特性。

5.4.2 排土场土石混合体边坡时效稳定性评价

对于土石混合体边坡稳定性的评价，需要结合排土场的排弃方案，并根据排土场台阶的层位和堆载时间进行分区赋参数，然后通过数值模拟，得到土石混合体排土场的边坡稳定系数。这种分层或者分区赋参数的方法可以提高土石混合体边坡岩层力学参数的准确性，避免因单一参数赋值所造成的基础数据误差。本研究基于两种主要的排土方案分别进行排土场动态稳定性评价，以揭示排土场动态发展过程中的时效稳定性变化规律。

1）多台阶平行推进排土方案

分区开采的近水平大型露天矿，外排土场和内排土场的排土场方案多数采用原地起坡，达到设计的高度之后，多个排土台阶平行向前推进，直至最终的排土境界，见图5-12。在排土场动态推进过程中，由于排土顺序和排土高度的差异，造成不同区域的土石混合体的力学参数也有所不同，按照5.4.1节中重构试验所揭示的规律，对不同层位的参数的进行分区赋参数，然后对排土场动态稳定性进行模拟，得到土石混合体排土场边坡稳定性变化规律。

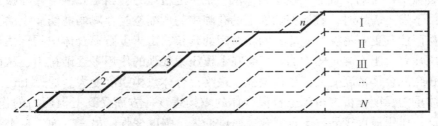

图5-12 多台阶平行推进排土方案

根据图 5-12，排土场从 Ⅰ 层至 N 层，土石混合体所受的重构压力随着层数增加呈线性递增，相应的力学参数也不断变化，当排土场台阶达到设定高度时，按照图 5-12 中的 1~n 的排土顺序逐步排土，并对每个阶段的排土场稳定性分析结果进行分析，得到不同排土阶段的稳定性分析结果，如图 5-13 所示。

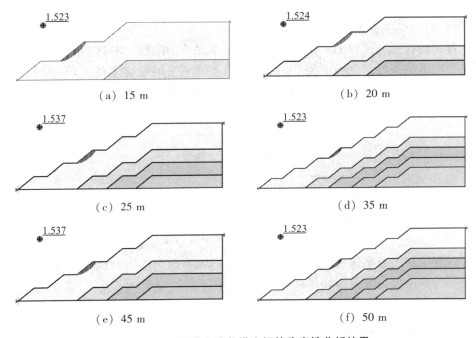

（a）15 m　　　　　　　　　　（b）20 m

（c）25 m　　　　　　　　　　（d）35 m

（e）45 m　　　　　　　　　　（f）50 m

图 5-13　不同排土阶段排土场的稳定性分析结果

不同高度的排土场在 1~n 的排土过程中，排土场边坡稳定系数变化曲线见图 5-14。

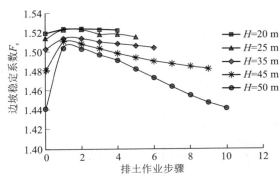

图 5-14　排土作业过程中边坡稳定系数

从图 5-14 可知，随着排土场高度 H 的不断增大，稳定系数 F_s 呈加速降低趋势。当完成 1 区的排土作业时，整体边坡角降低，边坡稳定系数大幅提升；依次进行 $2 \sim n$ 区的排土作业时，边坡稳定系数呈线性降低。分析结果显示，危险区域总是集中在排土台阶表层，这部分物料的重塑强度最低，容易发生滑塌。

2）逐层排土方案

对于特殊地形区域的外排土场，由于排土场地的限制，不具备原地起坡、多层平行推进的条件，这种情况下，排土场自上而下采用逐层排弃，下一层排土任务之后，然后进行上一层排土作业，整个排土场顺序如图 5-15 所示。

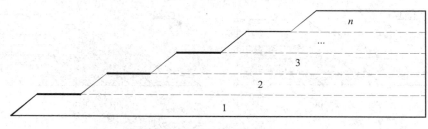

图 5-15　排土场逐层排土方案

对逐层排土方案进行分区赋值，然后进行土石混合体边坡稳定性分析，不同排土场阶段的稳定性分析结果如图 5-16 所示。

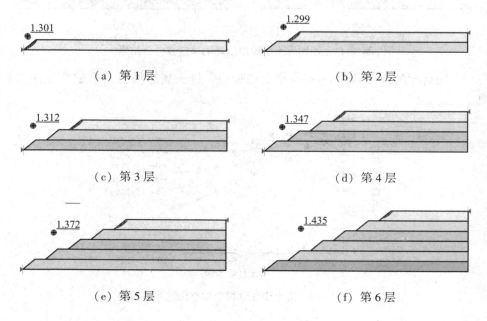

（a）第 1 层　　　　　　　　　　　（b）第 2 层

（c）第 3 层　　　　　　　　　　　（d）第 4 层

（e）第 5 层　　　　　　　　　　　（f）第 6 层

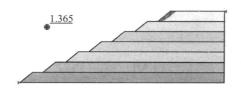

（g）第 7 层

图 5-16　逐层排土过程中的稳定性分析结果

从图 5-16 可以看出，随着排弃层数的增加，排土场边坡稳定性逐渐增加，当达到最大排土场层数时，边坡稳定系数出现了突降，而且最危险滑面集中在最上部松散排土台阶。

综合两种排土方案，从动态排土过程中的时效稳定系数可以看出，在动态排弃过程中，边坡稳定系数均是先增大后减小，危险滑面主要集中在排土场边坡表层，因此，在排土场动态排弃过程中，应该注意表层边坡的变形、沉降甚至滑移问题。

第6章

结论与展望

土石混合体作为露天矿排土场的主要组成部分，其力学性质和特点对排土场的稳定性有着直接影响。本书从安太堡露天煤矿排土场实地取得试验所需的土体和岩体，针对排土场内部土石混合体的实际固结情况，在试验室设计并进行了黏土-砂岩混合体的分级加载和连续加载 K_0 固结试验，测定和分析了最终固结完成试样的力学性质。制作了重塑黏土-砂岩混合体试样，并设计开展了基于 GDS 三轴仪的三轴剪切试验和单轴压缩试验，对试验结果统计分析，得到了含石量等对试样强度和变形的作用规律。基于人工合成透明土试验技术原理，设计了露天煤矿排土场重塑过程土石混合体模型试验系统，在模型试验前对合成的透明土进行基本物理力学试验并与普通砂土进行比较。利用模型试验的研究方法对露天煤矿排土场重塑过程中土石混合体的变形进行初步研究，通过试验研究得出的主要结论如下：

（1）对于组成土石混合体的土体和岩体分别进行了 XRD 与 XRF 成分分析，从而得到其各自组分的特性。

分析确定了黏土-砂岩混合体的 K_0 系数取值方法，得到了黏土-砂岩混合体 K_0 系数在正常固结和超固结状态下的阶段性规律。将试验测得的 K_0 系数与黏土经验公式计算的 K_0 系数进行了比较分析，从曲线中确定了特定的"结构应力重塑区"。通过对不同前期固结压力的试样进行纵向对比分析，得到了不同前期固结压力下黏土-砂岩混合体的 K_0 系数规律。基于对分级加载下各试样数据的整理分析，得到了黏土-砂岩混合体的各项压缩性指标，分析了固结过程中各力学指标的关系，结合所测得的渗透系数，明确了黏土-砂岩混合体是一种具有高压缩性、低渗透性的混合体。通过不排水剪切试验，得到了试样各力学参数与轴向应变的关系，并通过"块石效应"将试样分为了两类，利用两种不同的破坏准则绘制了莫尔-库仑曲线，得到了有效黏聚力与有效内摩擦角，结果表明，一定条件下黏土-砂岩混合体既能反映出黏土的特点，也能反映出砂岩的力学性质。

（2）通过对重塑样进行基本的三轴剪切试验，得到了在总应力下的强度参数和有效应力下的强度参数，重塑黏土-砂岩混合体的变形规律。

三轴剪切试验下总应力分析结果显示，内摩擦角 φ 随着含石量的增加逐渐增大，黏聚力 C 随着含石量的增加先增加后减小；相同含石量重塑样的有效内摩擦角 φ' 略高于内摩擦角 φ，有效黏聚力 C' 相比黏聚力 C 变化不大；结果还显示当重塑样含石量从 50% 升高到 60% 时，各项强度指标均发生突变，表明在 50% 和 60% 间存在临界含石量，使得砂岩颗粒在超过该临界含石量时，在重塑样中担当起了"骨料"的作用。

重塑样的应力-应变关系曲线结果显示，重塑样在低围压下先表现应力硬化后表现应力软化的特征，而在高围压下则一直表现应力硬化特征；围压相同时，重塑样的含石量越高，其应力-应变关系曲线的应力硬化特征就越显著。在围压不低于 300 kPa 时，随着试验的进行，重塑样的孔隙水压力呈现增长的态势，表明试样内部孔隙和裂隙被压密，重塑样在三轴剪切试验过程中体积变形表现为剪缩性。

（3）通过单轴压缩试验分析了不同含石量重塑样的弹性模量、变形模量和泊松比等变形指标，结果显示重塑黏土-砂岩混合体试样在单轴压缩试验下，孔隙水压力很快变为负值，且随着试验的进行逐渐减小，表明试样内部孔隙和裂隙发育扩展，体积变形表现为剪胀性。

对比三轴剪切试验和单轴压缩试验结果，发现重塑样有围压作用（围压不小于 300 kPa）时，试样的强度随着含石量的增加也逐渐增大，当重塑样在无侧限条件下进行单轴压缩试验时，试样的单轴抗压强度随着含石量的增加反而减小，分析得到了重塑样内部结构中砂岩颗粒的接触方式和接触方式的相互转化对重塑样三轴剪切试验和单轴压缩试验的强度规律的影响。

（4）明确了合成透明土中固体、液体材料的选材要求，选择了熔融石英砂作为合成透明土的固体材料，并对熔融石英砂的粒径、相对密度、自然安息角、密度等参数进行了测定，确定了熔融石英砂的折射率为 1.458；比选后选择了液状石蜡与正十三烷混合液作为合成透明土的液体材料，测量了不同温度和配比条件下的混合液折射率，确定了 17 ℃ 时液状石蜡与正十三烷按质量比 4.4 的比例配置的混合液折射率为 1.458，与熔融石英砂相同。

确定了透明土试样的单轴抗压强度在 0.10~0.21 MPa 范围内，受固结时间和固结压力的影响，其单轴抗压强度和弹性模量均随两者的增大而增大；相同粒径的透明土和砂土的压缩性具有相似的变化趋势，两者的压缩性随土体粒径的增大而减小；相同粒径的透明土和砂土的抗剪强度、内摩擦角、黏聚力具有相似的变化趋势，级配透明土的抗剪强度最高，0.5~1.0 mm 粒径的透明土次之，0.1~0.5 mm 粒径的透明土抗剪强度最小；试验表明，透明砂土和砂土具有很高的相似性，可以用于重塑过程土石混合体模型试验的研究。

（5）通过模型试验发现：在透明土石混合体受单轴载荷作用而重塑过程中，将土体运移区域分为了加压板影响区域和扩展影响区域。加压板影响区域内的土体颗粒运移是从加压板处开始的，随加压板的移动而移动，使土体逐级加载运移，呈现垂直方向逐级变化的特点。扩展影响区域加压板下方的土体颗粒移动方向与垂直方向呈小于90°夹角，并随距离加压板距离的增大而减小；加压板边缘两侧扩展影响区域的土体颗粒先沿水平方向移动，而后沿斜向上方移动且随加压板的深入角度逐渐增大；土体颗粒所形成的位移场在形状上类似于碗状。不同石块排布的透明土石混合体在受单轴载荷作用进行重塑的过程中，石块开始并未移动，随着土体密实，位于加压板中央区域下方的石块沿垂直方向向下移动，而位于加压板边缘下方的石块则分别向两侧斜下方移动，最底部石块均未发生移动，4×4排布比3×3排布石块的运移幅度小。其他条件不变的情况下，随着土体颗粒粒径的增大，土石混合体位移场影响范围逐渐减小，0.1~0.5 mm土体粒径合成的土石混合体位移场范围最大；随着石块密度的增加，土石混合体位移场影响范围变小；本书中所设的两个加载速率对土石混合体位移场的影响范围并无明显的影响。

参考文献

［1］ MEDLEY E W. The engineering characterization of melanges and similar block-in-matrix rocks (bimrocks) ［D］. University of California, Berkeley, 1994.

［2］ LINDQUIST E S. The strength and deformation properties of melange ［D］. University of California, Berkeley, 1994.

［3］ 中华人民共和国建设部. 岩土工程勘察规范：GB 50021—2001 ［S］. 北京：中国建筑工业出版社, 2002.

［4］《工程地质手册》编写委员会. 工程地质手册 ［S］. 北京：中国建筑工业出版社, 1992.

［5］ 油新华. 土石混合体的随机结构模型及其应用研究 ［J］. 岩石力学与工程学报, 2002 (11)：1748.

［6］ 徐文杰, 胡瑞林. 土石混合体概念、分类及意义 ［J］. 水文地质工程地质, 2009, 4：50-56, 70.

［7］ 缪林昌, 崔颖, 陈可君, 等. 非饱和重塑膨胀土的强度试验研究 ［J］. 岩土工程学报, 2006, 2：274-276.

［8］ 王亮, 谢健, 张楠, 等. 含水率对重塑淤泥不排水强度性质的影响 ［J］. 岩土力学, 2012, 33 (10)：2973-2978.

［9］ 王亮, 杨俊杰, 刘强, 等. 表面渗流对生态边坡中客土稳定性影响研究 ［J］. 岩土力学, 2008, 6：1440-1445, 1450.

［10］ 李荣伟, 侯恩科. 边坡稳定性评价方法研究现状与发展趋势 ［J］. 西部探矿工程, 2007, 3：4-7.

［11］ 万文, 曹平, 吴永恒. 弹塑性极限平衡法分析复杂岩质边坡的稳定性 ［J］. 中国安全科学学报, 2004, 14 (6)：102-108.

［12］ 张均锋. 三维简化Janbu法分析边坡稳定性的扩展 ［J］. 岩石力学与工程学报, 2004, 23 (17)：2876-2881.

［13］ 张雄. 边坡稳定性的刚性有限元评价 ［J］. 成都科技大学学报, 1994 (6)：48-52.

［14］ 陈新民, 罗国煜. 基于经验的边坡稳定性灰色系统分析与评价 ［J］. 岩土工程学报, 1999, 21 (5)：638-641.

［15］ BYE A R, BELL F G. Stability assessment and slope design at sands loot open pit, South 97 Africa [J]. International Journal of Rock Mechanics and Mining Sciences, 2001, 38 (3): 449-466.

[16] NOON D, HARRIES N. Slope stability radar for managing rock fall risks in open cut mines [J]. Australasian Institute of Mining and Metallurgy Publication Series, 2007: 93-97.

[17] PATNAYAK S, REDDY K, GUPTA R N. Slope stability analysis of a lead-zinc open pit mine using limit equilibrium and numerical methods [J]. International Journal of Surface Mining, Reclamation and Environment, 2002, 16 (3): 196-216.

[18] MOFFITT K M, ROGERS S F, BEDDOES R J, et al. Analysis of slope stability in strong, fractured rock at the Diavik Diamond Mine [J]. NWT. Proceedings of the 1st Canada-US Rock Mechanics Symposium-Rock Mechanics Meeting Society's Challenges and Demands, 2007, 2: 1245-1250.

[19] 夏元友. 基于神经网络的岩质边坡稳定性评估系统研究 [J]. 自然灾害学报, 1996, 5 (1): 98-104.

[20] 冯树仁, 丰定祥, 葛修润. 边坡稳定性定性的三维极限平衡分析方法及应用 [J]. 岩土工程学报, 1999, 21 (6): 657-661.

[21] BREBBIA C A, TELLES J C F, WROBEL L C. Boundary element technique [J]. Berlin Heidelberg New York Tokyo, 1984.

[22] TELLS J C F, BREBBIA C A. Boundary element solution for half-plane problems [J]. Int. J. Solids structures 1981, 17: 1149-1158.

[23] 徐冯君, 王保田, 陈敏志. 膨胀土边坡稳定分析综述 [J]. 山西建筑, 2006 (1): 109-110.

[24] 夏邦栋. 普通地质学 [M]. 北京: 地质出版社, 1995.

[25] 加拿大矿物和能源技术中心. 边坡工程手册 [M]. 北京: 冶金工业出版社, 1984.

[26] 赵慧丽, 康拥政, 张永满. 边坡稳定性分析理论与方法 [J]. 路基工程, 2006 (1): 1-3.

[27] 刘景生, 李强. CAD 技术在露天开采设计中的应用 [J]. 露天开采技术, 2003 (2): 34-35.

[28] 袁鼎荣, 陈宏朝, 严小卫. 数据库技术研究进展 [J]. 广西师范大学学报, 2004 (1): 51-54.

[29] 韦寒波, 孙世国, 高谦, 等. 基于临界滑移场技术的排土场边坡稳定性分析 [J]. 北京科技大学学报, 2008, 30 (6): 581-584.

［30］BUDIANSKY B，RICHARD Q C. Elastic moduli of a cracked solid ［J］. Int. J. Solids Structures，1976，12（1）：81-97.

［31］SERRANO A，OLALLA C. Ultimate bearing capacity of an anisotropic discontinuous rock mass，Part I：Basic modes of failure ［J］. Int. J. RockMech. Min. Sci.，1998，35（3）：301-324.

［32］ROSE N D，HUNGR O. Forecasting potential rock slope failure in open pit mines using the inverse-velocity method-Case examples. Proceedings of the 1st Canada-US Rock Mechanics Symposium-Rock Mechanics Meeting Society´s Challenges and Demands ［J］. Proceedings of the 1st Canada-US Rock Mechanics Symposium-Rock Mechanics Meeting Society´s Challenges and Demands，2007，2：1255-1262.

［33］STACEY T R，XIANBIN Y，ARMSTRONG R，et al. New slope stability considerations for deep open pit mines ［J］. Journal of The South African Institute of Mining and Metallurgy，2003，103（6）：373-389.

［34］钟敏，谢斌. 矿山排土场灾害成因及综合防治措施 ［J］. 化工矿物与加工. 2009，34（5）：13-17.

［35］徐永刚. 影响排土场边坡稳定因素的探讨 ［J］. 中国矿业，2000，49（9）：24-29.

［36］张毅，黄敏，曾凌方，等. 基于模糊理论的矿山排土场稳定性分析 ［J］. 采矿技术，2008，8（4）：37-41.

［37］王思凯. 安家岭露天矿东排土场稳定性分析 ［D］. 阜新：辽宁工程技术大学，2007.

［38］杨秀. 安家岭露天矿内排土场南帮边坡稳定性研究 ［D］. 阜新：辽宁工程技术大学，2011.

［39］张建华. 高台阶排土场稳定性及破坏模式研究 ［D］. 赣州：江西理工大学，2011.

［40］王敬义. 哈尔乌素露天煤矿西排土场变形区滑坡治理方案研究 ［D］. 阜新：辽宁工程技术大学，2011.

［41］国新. 魏家峁露天矿东一号排土场稳定性研究 ［D］. 阜新：辽宁工程技术大学，2013.

［42］杨丽萍. 准格尔黑岱沟露天煤矿内排土场边坡稳定性分析 ［D］. 阜新：辽宁工程技术大学，2006.

［43］李林，马庆利. 兰尖铁矿尖山排土场岩土块度组成分析及分布规律的研究 ［J］. 四川冶金，1990，3：1-8.

［44］罗仁美．印子峪排土场安息角与岩石块度分布规律研究［J］．矿冶工程，1995，l5（4）：l6-9．

［45］曹文贵，方祖烈，唐学军．破碎岩石物理力学性质的分形度量［J］．中国矿业，1998，7（3）：27-30．

［46］黄广龙，周建，龚晓南．矿山排土场散体岩土的强度变形特性［J］．浙江大学学报（工学版），2000，34（1）：54-58．

［47］史良贵．新桥矿业有限公司二期排土场稳定性及排土工艺优化研究［D］．长沙：中南大学，2005．

［48］MANDELBROT B B. The fractal geometry of nature［M］．NewYork：WH-Freman，1982．

［49］TURCOTTE D L. Fractal sand Fragmen tation［J］．GeophyRos，1986，91（132）：1921-1926．

［50］谢学斌，潘长良．排土场散体岩石粒度分布与剪切强度的分形特征［J］．岩土力学，2004，25（2）：287-291．

［51］高峰，谢和平，赵鹏．岩石块度分布的分形性质及细观结构效应［J］．岩石力学与工程学报，1994，13（3）：240-246．

［52］王谦源，张清．不等概率分形破碎及有限尺度破碎体分形［J］．岩石力学与工程学报，1994，13（2）：109-117．

［53］齐金铎．岩石破碎块度特性及计算方法［J］．中国矿业，1995，4（1）：34-36．

［54］赵斌．岩石破碎块度分布分形预测［J］．矿业研究与开发，1997，17（3）：14-16．

［55］王谦源，姜玉顺，胡京爽．岩石破碎体的粒度分布与分形［J］．中国矿业，1997，6（3）：50-55．

［56］盛建龙，刘新波，朱瑞赓．分形理论及岩石破碎的分形特征［J］．武汉冶金科技大学学报（自然科学版），1999，22（1）：6-8．

［57］徐永福，张庆华．压应力对岩石破碎的分维的影响［J］．岩石力学与工程学报，1999，15（3）：250-254．

［58］潘兆科，刘志河．矸石破碎块度的分形性质及计算方法［J］．太原理工大学学报，2004，35（2）：115-117．

［59］涂新斌，王思敬，岳中琦．风化岩石的破碎分形及其工程地质意义［J］．岩石力学与工程学报，2005，24（4）：587-595．

［60］LEE K L, SEED H B. Drained strength characteristics of sands［J］．ASCE J. Soil Mech. Found. Engng，1967，93：117-141．

［61］郦能惠．高混凝土面板堆石坝新技术［M］．北京：中国水利水电出版社，2007.

［62］杨钦．宝日希勒露天煤矿内排土场稳定性研究［D］．阜新：辽宁工程技术大学，2010.

［63］阚生雷．山坡堆积型排土场设计技术与评价方法的研究［D］．北京：北方工业大学，2011.

［64］李文新．小龙潭布沼坝龙桥排土场稳定性分析研究［D］．昆明：昆明理工大学，2014.

［65］BOJANA D, LUDVIK T. The impact of structure on the undrained shear strength of 100 cohesive soils［J］. Engineering Geology, 2007, 92（1）：88-96.

［66］SHRIWANTHA B V, SHINYA N, SHO K, et al. Effects of overconsolidation ratios on the shear strength of remoulded slip surface soils in ring shear［J］. Engineering Geology, 2012, 131（2）：29-36.

［67］BINOD T, BEENA A. New correlation equations for compression index of remolded clays［J］. Journal of geotechnical and geoenvironmental engineering, 2012, 138（6）：757-762.

［68］MARSAL R J. Large scale testing of rockfill materials［J］. Jourmal of the Soil Mechanics and Foundations Division, 1967, 93：27-43.

［69］MARSAL R J. 土石坝工程［M］. 华东水利学院土石坝工程翻译组，译. 北京：水利电力出版社，1978.

［70］VESIC A S, CLOUGH G W. Behaviour of granular material under high stresses［J］. ASCEJ. Soil Meeh. Found. Engng, 1968, 94：661-688.

［71］MIURA N, YAMAMOTO T. Effect of Particle～crushing on the shear characteristics of a sand［C］. Japanese, 1977.

［72］MIURA N, HARA O. Particle crushing of decomposed granite soil under shear stresses［J］. Soils and Foundations, 1979, 19（3）：l-14.

［73］郭庆国．关于粗粒土抗剪强度特性的试验研究［J］．水利学报，1987（5）：59-65.

［74］郭熙灵，胡辉，包承纲．堆石料颗粒破碎对剪胀性及抗剪强度的影响［J］．岩土工程学报，1997, 19（3）：83-88.

［75］吴京平，褚瑶，楼志刚．颗粒破碎对钙质砂变形强度特性的影响［J］．岩土工程学报，1997, 19（5）：49-55.

［76］梁军，刘汉龙，高玉峰．堆石蠕变机理分析与颗粒破碎特性研究［J］．岩土力学，2003, 24（3）：479-483.

[77] 刘汉龙, 秦红玉, 高玉峰, 等. 堆石粗粒料颗粒破碎试验研究 [J]. 岩土力学, 2005, 26 (4): 562-566.

[78] 张家铭, 张凌, 蒋国盛. 剪切作用下钙质砂颗粒破碎试验研究 [J]. 岩土力学, 2008, 29 (10): 2789-2793.

[79] 赵光思, 周国庆, 朱锋盼, 等. 颗粒破碎影响砂直剪强度的试验研究 [J]. 中国矿业大学学报, 2008, 37 (3): 291-294.

[80] 高玉峰, 张兵, 刘伟, 等. 堆石料颗粒破碎特征的大型三轴试验研究 [J]. 岩土力学, 2009, 30 (5): 1237-1246.

[81] 孔德志, 张其光, 张丙印, 等. 人工堆石料的颗粒破碎率 [J]. 清华大学学报 (自然科学版), 2009, 49 (6): 811-815.

[82] 肖建华, 冯铭璋. 关于软土状态确定标准的讨论 [J]. 工程地质学报, 1997 (1): 48-53.

[83] 朱韶茹, 潘桔橼, 杨丽平, 等. 土力学与地基基础 [M]. 南京: 东南大学出版社, 2017.

[84] 王俊杰, 卢孝志, 邱珍锋, 等. 粗粒土渗透系数影响因素试验研究 [J]. 水利水运工程学报, 2013 (6): 16-20.

[85] 李潇旋, 李涛, 李舰. 超固结非饱和土的弹塑性双面模型 [J]. 水利学报, 2020, 51 (10): 1278-1288.

[86] 俞强. 超固结土 K_0 系数的确定 [J]. 福建建设科技, 2001 (3): 11-12, 18.

[87] 赵玉花, 沈日庚. 基于固结试验结果计算渗透系数方法 [J]. 工程勘察, 2009: 109-113.

[88] 黄博, 胡俊清, 廖先斌, 等. 原状饱和黏土静止土压力系数试验研究 [J]. 岩石力学与工程学报, 2013, 32: 4056-4064.

[89] 黄浩然, 朱俊高, 秦秀娟, 等. 软土等向固结与 K_0 固结条件下的三轴试验研究 [J]. 防灾减灾工程学报, 2012, 32 (5): 546-551.

[90] 栾茂田, 聂影, 郭莹, 等. 大连饱和黏土动力特性研究 [J]. 大连理工大学学报, 2009, 49 (6): 907-912.

[91] 陈能, 肖宏彬, 李珍玉, 等. 应力路径对根-土复合体抗剪强度的影响 [J]. 公路工程, 2015, 40 (3): 19-24, 56.

[92] 王立忠, 叶盛华, 沈恺伦, 等. K_0 固结软土不排水抗剪强度 [J]. 岩土工程学报, 2006 (8): 970-977.

[93] 罗庆姿, 陈晓平, 袁炳祥, 等. 柔性侧限条件下软土的变形特性及固结模型 [J]. 岩土力学, 2019, 40 (6): 2264-2274.

[94] 沈恺伦, 王立忠. 天然软黏土屈服面及流动法则试验研究 [J]. 土木工程学

报, 2009, 42 (4): 119-127.

[95] 熊承仁, 刘宝琛, 张家生, 等. 重塑非饱和粘性土的抗剪强度参数与物理状态变量的关系研究 [J]. 中国铁道科学, 2003 (3): 18-21.

[96] 缪林昌, 殷宗泽, 刘松玉. 非饱和膨胀土强度特性的常规三轴试验研究 [J]. 东南大学学报 (自然科学版), 2000 (1): 121-125.

[97] 高谦, 刘增辉, 李欣, 等. 露天坑回填土石混合体的渗流特性及颗粒元数值分析 [J]. 岩石力学与工程学报, 2009, 28 (11): 2342-2348.

[98] 王宇, 李晓, 李守定, 等. 单轴压缩条件下土石混合体开裂特征研究 [J]. 岩石力学与工程学报, 2015, 34 (S1): 3541-3552.

[99] 薛亚东, 岳磊, 李硕标. 含水率对土石混合体力学特性影响的试验研究 [J]. 工程地质学报, 2015, 23 (1): 21-29.

[100] 孙华飞, 鞠杨, 行明旭, 等. 基于CT图像的土石混合体破裂-损伤的三维识别与分析 [J]. 煤炭学报, 2014, 39 (3): 452-459.

[101] 舒志乐, 刘新荣, 刘保县, 等. 基于分形理论的土石混合体强度特征研究 [J]. 岩石力学与工程学报, 2009, 28: 2651-2656.

[102] 周博, 卢自立, 汪华斌, 等. 基于均匀化理论的土石混合体应力应变关系 [J]. 地质通报, 2013, 32 (12): 2001-2007.

[103] 徐文杰, 胡瑞林, 岳中琦, 等. 基于数字图像分析及大型直剪试验的土石混合体块石含量与抗剪强度关系研究 [J]. 岩石力学与工程学报, 2008 (5): 996-1007.

[104] 欧阳振华, 李世海, 戴志胜. 块石对土石混合体力学性能的影响研究 [J]. 实验力学, 2010, 25 (1): 61-67.

[105] 苑伟娜, 李晓, 赫建明, 等. 土石混合体变形破坏结构效应的CT试验研究 [J]. 岩石力学与工程学报, 2013, 32: 3134-3140.

[106] 周中, 傅鹤林, 刘宝琛, 等. 土石混合体渗透性能的正交试验研究 [J]. 岩土工程学报, 2006 (9): 1134-1138.

[107] 王宇, 李晓. 土石混合体细观分形特征与力学性质研究 [J]. 岩石力学与工程学报, 2015, 34 (S1): 3397-3407.

[108] 陈立, 张朋, 郑宏. 土石混合体二维细观结构模型的建立与数值流形法模拟 [J]. 岩土力学, 2017, 38 (8): 2402-2410, 2433.

[109] 徐文杰, 王识. 基于真实块石形态的土石混合体细观力学三维数值直剪试验研究 [J]. 岩石力学与工程学报, 2016, 35 (10): 2152-2160.

[110] 廖秋林, 李晓, 朱万成, 等. 基于数码图像土石混合体结构建模及其力学结构效应的数值分析 [J]. 岩石力学与工程学报, 2010, 29 (1): 155-

162.

[111] NI X M, et al. Quantitative 3D spatial characterization and flow simulation of coal macropores based on μCT technology [J]. Fuel, 2017, 200: 199-207.

[112] 王刚, 沈俊男, 褚翔宇, 等. 基于CT三维重建的高阶煤孔裂隙结构综合表征和分析 [J]. 煤炭学报, 2017, 42 (8): 2074-2080.

[113] 于庆磊, 唐春安, 唐世斌. 基于数字图像的岩石非均匀性表征技术及初步应用 [J]. 岩石力学与工程学报, 2007 (3): 551-559.

[114] SUN W, et al. X-ray CT three-dimensional reconstruction and discrete element analysis of the cement paste backfill pore structure under uniaxial compression [J]. Construction and Building Materials, 2017, 138: 69-78.